职场幸福力

幸福力

学习和改变的逻辑层次

徐 珂◎著

中国铁道出版社有限公司
CHINA RAILWAY PUBLISHING HOUSE CO., LTD.

图书在版编目(CIP)数据

职场幸福力：学习和改变的逻辑层次/徐珂著．—北京：
中国铁道出版社有限公司,2024.3
ISBN 978-7-113-30914-5

Ⅰ.①职…　Ⅱ.①徐…　Ⅲ.①成功心理-通俗读物
Ⅳ.①B848.4-49

中国国家版本馆 CIP 数据核字(2024)第 017708 号

书　　名：**职场幸福力——学习和改变的逻辑层次**
　　　　　ZHICHANG XINGFULI：XUEXI HE GAIBIAN DE LUOJI CENGCI
作　　者：徐　珂

责任编辑：马慧君　　　　编辑部电话：(010)51873005　　　投稿邮箱：zzmhj1030@163.com
封面设计：仙　境
责任校对：安海燕
责任印制：赵星辰

出版发行：中国铁道出版社有限公司(100054,北京市西城区右安门西街 8 号)
网　　址：https://www.tdpress.com
印　　刷：北京联兴盛业印刷股份有限公司
版　　次：2024 年 3 月第 1 版　2024 年 3 月第 1 次印刷
开　　本：710 mm×1 000 mm　1/16　印张：15.5　字数：193 千
书　　号：ISBN 978-7-113-30914-5
定　　价：59.80 元

继《身心减负——如何过上自由又健康的生活》出版以后，徐珂老师又将出版新作《职场幸福力——学习和改变的逻辑层次》，并邀请我作序，很是荣幸。

这本书对职场人士很有价值。条理清晰地分析了职场人士取得成功的思维与行为指引。从国际企业到地方小公司，全国每年进入职场的人数以百万计。他们用热情的付出，追求被赏识和被夸赞，希望得到升职和加薪。他们的工作让企业能经营下去，超越对手，以至创业绩、发展市场、团队扩充，为行业与经济的昌盛繁荣作出了贡献。这一切来自每一个办事处和每一家店的进步，而这些进步的核心因素是人——职场里的每一个人！

当一个职场人与同事的关系变得紧张，他们之间的连接力就会减少，甚至消失，结果是"1＋1＜2"；反之，若他们能精诚合作、互补互助，成果就是"1＋1＞2"。人类社会的不断突破进步由此而来。

让众人聚集而合力做到"1＋1＞2"的空间就是职场。职场的管理者，不论是工厂的厂长，还是销售部的经理，每天的精力就花在这个目标上。

当职场里每个人都能感到被接受和被尊重、和谐及放松，人与人之间的连接力效应就会迅速提升。如此，生产效益会提升，员工们愿意付出更多，经营和维持这份连接力。如此，员工会在工作里获得幸福感。

本书提供具体的理论,这不是学术性的理论,而是过来人和实践者支持的理论,更提供操作性强的行为指引。

这本书也可作为"职场心理学"的操作教本,很适合职场管理者作为工作上的参考书,更适合初入职场的朋友作为工作中的观察和思维的 GPS。

李中莹

2023 年 10 月 20 日

有一天,徐珂给我发来一本书稿,激动地告诉我说她即将要出版一本书,并邀请我来写一个推荐序。

这消息让我欣喜不已。虽然她是我的学生,但是,在某些领域,她已经超越了我,把我所教授的知识很好地应用在新的领域中。比如,她研发的"42天徐珂轻松减重训练营"课程并出版了《身心减负——如何过上自由又健康的生活》,这是一个很重要的突破。这个课程受到了广泛的喜爱,并帮助了8 000多名学员实现轻松减重。学员不仅获得了健康的身体,也焕发了内心的轻盈与愉悦。

徐珂是经李中莹老师推荐,于2012年来参加我的组织系统整合课程,随后还深入学习了家庭系统整合课程。我很高兴看到这本书里融合了组织系统整合的内容。这样的综合应用,再次展示了她在知识整合方面的卓越能力。

底层逻辑

弗洛伊德曾说,人生最重要的就是工作和爱。

和相爱的人组建一个家庭,同时,在工作中实现自我,这是一件非常幸福的事。要在工作中实现自我,就必须了理清楚自己在这个环境中的序位,处理好与企业、上级、客户及同事之间关系;同时,还要有提升个人心智能量和处理情绪的能力,整合内心。这两者相互呼应。

如果每个人都能找到一份自己想做的工作,同时也能获得如家人般的温暖,而不是冷冰冰的职场关系,就能在职场中获得幸福感。更为重要的是,除了获得尊严,员工还会思考自己能为世界作出什么贡献,从而获得成就感。这正是本书的底层逻辑——罗伯特·迪尔茨提出并发展起来的"逻辑层次"所关注的点。

逻辑层次是一个非常好的工具,它包含环境、行为、能力、BVR、身份和系统这六个层次,非常好地帮助我们理解这个世界,也能帮助我们在职场获得更好的发展。

六个层次的关系

想要更好地应用逻辑层次,就必须要清楚"环境、行为、能力、BVR、身份和系统"这六个层次之间的关系。

(1)环境。任何一个人,当遇到一个情境时,首先会判断这个环境是危险的还是安全的。比如,当进入一个陌生的场合面对陌生人时,我们都会迅速判断这个环境是可以合作的还是充满竞争的。进入一个新职场,我们也会先判断同事们对自己是否友好。

(2)行为。在对环境做出判断以后,我们才会产生相应的行为以应对或者改变这个环境。比如,当我们感觉到寒冷的时候,就会增加衣物来保暖;或打开暖气,让环境变暖和。这些都是行为。改变环境、脱离环境和应对环境都是靠行为,行为高于环境。

(3)能力。行为是否有效与行为本身无关,与能力有关。比如,华为苦练了多年内功,推出 Mate 60,给高端手机市场带来很大的变化,也给国产厂商提了气。这就是能力。如果没有能力是不可能做出这样的行为的。所以,个体或者组织拥有多大的能力,就能产生多有效的行为。

(4)BVR。这样的能力能否习得,或者是否能够发挥出来,就与能力本身无关,而是与信念价值观有关了。比如,想成为一名培训导师,那就需要具备出色的演讲能力。能否习得这项能力，就包含两个因素。一个是重要的价值观：想不想。另一个是重要的信念：信不信自己能做到。如果很想又相信自己一定能获得这个能力，就会愿意去学习，努力去掌握这种能力，从而实现我们的梦想，成为一名培训导师。

（5）身份。相信自己能做到与身份的定位有关——你是怎样一个人？如果认为自己是一个注定会失败的人，或者觉得自己永远只是平庸之辈，无法改变，那么你很可能会陷入一种只能成为普通人的信念中。在这种情况下，演讲的能力就变得不重要了，因为你不相信自己能习得这种能力。当你怀疑自己学不好时，你的行为自然无效，也无法改变环境。

（6）系统。"系统"包含两个重要的层面。首先是个人的愿景，为谁而做，为了什么使命去做，以及未来想成为一个什么样的人；其次是渗透到各种系统里，比如家庭、企业和国家系统，甚至更高的世界系统，我们能为这些系统做什么。

人活着的状态有三种：第一种是为生存而活；第二种是为了更好的生活而活；第三种是为了自己的使命而活。所以，第三种状态就是基于系统的层面。只有在更高的层面，才能更好地激发一个人的生命状态。

当我们理清了以上六个层次的关系，就能更好地理解书中的内容，为我们提供了更全面、更深刻的洞察，并将其应用于我们的工作和生活中。

我一直认为，优秀的学生就应该有自己新的发展，探索不同的领域，而不仅仅复制或者模仿老师。徐珂在这方面很出色，她的独创性和才智让我感到格外自豪，也让我愿意向大家强烈推荐她的新书，希望大家能在阅读的过程中收获幸福感。

郑立峰

2023 年 10 月 13 日

大学毕业后，在 20 世纪的最后一年，我踏上了广州这片土地，开始了我的职业征程。

在前 15 年里，我曾在很多企业中工作。也许是初生牛犊不怕虎，刚步入社会的时候，我总觉得只要自己足够努力，就一定能很好地完成工作，然而，却常常因为傲慢与莽撞犯一些低级的错误。我逐渐领悟到，在事情之外还有人际关系、系统以及每个系统中的规则和动力。

即使是这样，我的职业生涯仍然是非常幸运的。

在工作的过程中，我遇到了很多优秀的内训师，他们身上卓越的个人品质、表达方式、沟通能力及思维方式，无不让我折服。我佩服他们能将晦涩难懂的内容通过通俗易懂且风趣幽默的方式传递出来。我很好奇，究竟是什么让他们的思维如此敏锐、方法如此灵活？于是，我开始观察他们。后来才发现，原来他们都在学一门课程：神经语言程序学。这激发了我对这门课程的浓厚兴趣。

2005 年，我学习了国内最知名的神经语言程序学导师李中莹老师的课程。坦率地说，在学习完课程以后，我终于明白了什么是沟通。原来，人与人之间还有许多看不见、摸不着的交流方式；原来，生活中的很多困扰，并非由生活本身带来，而是源于自己的思维方式。只要调整思维方式，就可能找到工具和方法，很多问题都迎刃而解。

和许多女性朋友一样，生孩子之前，我也是一个拥有苗条身材的姑娘。然而，在当妈妈以后，我一心扑在照顾孩子和家庭上，甚至一度认为"黄脸婆"才是自己的人设；我还喜欢操心，"热心"地参与别人的事，却默默地隐忍着自己的辛苦和情绪，每天告诉自己"我挺好"。当每次出现不良情绪时，我习惯性地通过吃来安慰自己。于是，我的体重肉眼可见地上升。

通过李中莹老师的课程，我觉察到自己需要做出调整，重新找回苗条自信的自己。结合心理学的方法，我不仅达成了短期的瘦身目标，更是培养了一种"瘦"的心态和思维方式，然后自然而然地调整了生活方式和饮食习惯。令人惊讶的是，仅用了 60 天就轻松减重 10 公斤。这个状态一直保持至今。

亲身感受到这门课程给我带来的变化之后，我的内心涌起一个强烈的声音——我要把这门课程传播出去，帮助更多人。于是，2015 年，我毅然辞去了工作，成为一名自由讲师。借助神经语言程序学研发出了身心减负课程（2023 年，正式出版了图书《身心减负——如何过上自由又健康的生活》）。随后，我还研发了女性能量工作坊等课程，并与李珂老师一起研发了突破式沟通课程。

我发现神经语言程序学就像乐高积木一样可以自由组合，创造出新的培训体系和课程内容。对于学员来说，这些内容简单、快捷，并且非常有效。

此时，恩师李中莹先生实时督导我要保持专业和严谨，并鼓励我需要持续精进自己的专业能力。在他的推荐下，我学习了另外一位业界非常优秀的老师郑立峰老师的课程——系统整合。

我清晰地感受到，为什么职场中的一些人才虽然有出色的工作能力，但是在生活中的能力却有待提升。知识可以在学校或书本中学习，而生活的智慧却需要自己在成长的过程慢慢熏陶和习得。比如，我们可以通过文字来了解一个产品的相关知识，并且在考试中取得高分。但是，当我们面对客户时，却不能轻松自如地讲解产品，甚至有些人会不由自主地产生紧张和回避的情绪。简单的职场培训只能治标,无法治本。

系统整合可以让我们更加清晰地洞察内心,认识到人对爱、接受和尊重的需求远远超过职场中对于收入的需求;同时,并不是每个人都能通过职场去实现自己的人生价值、服务更多人,实现自我的幸福人生;在成长过程中的未被满足的需求,往往一次一次地在职场中反复出现。"巨婴心态"不仅是一个家庭现象,也会出现在职场中。

自从接触了身心语言程序学和系统整合这两门学问,我意识到这些学问不仅能帮助我们提升个人能力和工作效率,更引领我们走向更加健康、和谐、幸福的生活。于是,我结合这两门技术在职场中的运用,撰写了这本书,希望通过这本书能帮助更多的人实现梦想和目标。我相信,只有更多的人了解并运用这些知识,我们的社会才会变得更加美好。

如果你是初入职场人士,如果你与同事的关系紧张,如果你对未来的职业发展有着无限的憧憬和追求,那么这本书将是你的必读之物。它将为你揭示职场的规则,帮助你更好地理解你的同事和领导,以及学会如何与他们有效合作。同时,它也会让你明白如何运用所学知识去服务他人,实现自我价值。

如果你正在寻找一种新的生活方式,那么这本书也会是你的更佳选择。它将引领你走进一个全新的世界,让你认识到财富背后真正的价值,以及如何通过职场获得轻松、幸福和快乐。

如果你想创业,想将自己的专业特长或者兴趣爱好转化为立足之本,这本书同样是一本很好的指南。它会告诉你创业过程中的风险和机会,以及如何有效地避开风险,抓住机会实现个人价值。

在此,我要特别感谢我的恩师李中莹先生。"传播好学问,幸福中国人"是他的使命,也是我的使命。他的悉心指导和启发让我深受鼓舞,驱使我不断追求更高的目标。感谢郑立峰博士,他让我看见家人、看见爱,为我提供了更多实现幸福的选择,他的专业指导和人生智慧使我受益匪浅。

感谢帮助我整理书稿案例和课程内容的老师们：高宁、祥云、金姿言、小月、彩虹、刘晓艺、王慧瑾、杨蕊和江丹华。每一次的整合都是对知识的传承和创新。她们的辛勤付出，不仅支持了我个人的工作，更为职场精英提供有力的支持和帮助。

感谢亦师亦友的李珂老师和劳莘老师。作为老板和导师，他们不仅成就客户，同时也是成就员工的托举者。站在巨人的肩膀上，我实现了自我成就并获得幸福人生，同时，也在能力和创造中持续成长。

感谢在创业路上督导和支持我的李海峰老师和周育薪老师。我曾陷于故步自封、停滞不前的境地，正是这两位老师给了我迎接改变的机会。借助两位老师的帮助，我得以在创业道路上持续前行。

最后，我要特别感谢陈韵棋老师。她对本书的贡献不仅是对内容的编辑，更在我对图书出版失去信心的时候，给予了我极大的鼓舞。她的鼓励和专业知识为我提供了坚实的支持，让我得以克服犹豫和担忧。毫无疑问，没有她的帮助，这本书将无法成为现实。

徐　珂
2023 年 11 月广州

目录

第二章 关系智慧：良好关系和协作之道

第三章 晋升思维：个人发展和团队管理

第五章 情绪策略：情绪识别和调节策略

第一章

01

成长模式：
自我认知和价值实现

由心理学家、教育家和作家罗伯特 · 迪尔茨提出的"学习和改变的逻辑层次"是一套可以用来解释社会上大部分事物的模式，包括个人在职场的发展。

　　这个逻辑层次也将贯穿本书。从系统、身份、BVR、能力、行为和环境这六个方面来探索个人和团队的成长模式。在这个过程中，学习和改变是贯穿始终的主线。从个体认知到外部环境，从知识积累到信念培养，每个层次都构筑了一个完整的成长蓝图。唯有持续地反思、学习和实践，我们才能在这个不断变化的世界中不断进化，实现自己的价值，成就更加丰盈的人生。

01 学习和改变的逻辑层次

学习是人类认知能力和智慧的展现，它不仅是获取知识和技能的途径，更是个人成长和社会进步的动力。学习和改变不仅是一种能力，更是一种智慧和勇气。通过学习，人们能够更好地理解自己和世界，实现自己的潜能，并为创造更美好的未来作出贡献。学习是一种高级认知能力，它使得人类能够调整自己的行为逐渐适应生存环境。只有行为的改变才可能带来个人的成长和社会的进步。

一、学习和改变是提升竞争力的关键能力

在竞争激烈的市场环境中，没有人能够一劳永逸地保持竞争优势。只有持续不断地学习和改变，才能保持竞争力。首先，学习是不断进步的源泉。无论是个人还是组织，持续学习都是保持竞争力的基石。其次，改变是适应时代的关键。

每个人来到这个世上，都是通过观察和模仿他人的行为来学习生存的基本技能。从婴儿时期开始，我们通过观察并模仿照顾者逐渐学会了

喝水、吃饭、行走等相关技能。例如，看到父母使用勺子吃饭时，我们也试着用手持勺。虽然一开始很笨拙，甚至把饭菜弄得满地都是，但只要经过反复练习，便能逐渐掌握这项技能。

在这个过程中，人类会记住哪些行为和决策带来了好的结果，哪些带来了坏的结果，进而沉淀成为经验，成为每个人的生存策略。这些生存策略在每个人所处的环境中是有效的，能保证自己的生存。

经验积累的过程，就是通过上意识学习获得技能，不断重复后变成下意识，从而脱离我们的意识而自动运行。例如，当我们学会开车以后，什么时候该打方向盘，什么时候该刹车，什么时候该看后视镜，都会成为经验，甚至不需要思考，手脚就能完美地配合完成。生存策略形成以后，在短期内甚至很长一段时间内都不会发生重大的改变。

越高等的动物，学习能力越强。因为人类拥有了与动物不同的大脑皮层，可以通过语言进行更复杂的交流和表达，可以帮助我们重塑神经网络。这意味着人类可以通过语言接收或者梳理来塑造并有意识地挑选新的生存策略。

生存策略可以帮助我们在环境中活下去，但是，如果我们长期只使用固化下来的生存策略，就是把自己圈在一个自己觉得安全的能应对自如的环境中，不会有任何变化。如果多年不见的朋友对你说："你还是当年那个你呀，一点都没有变。"这句话听起来是赞美你还保持年轻，但同时也意味着你的生存策略并没有变化。

同时，环境的变化也会促使我们调整策略和进化。当我们遇到生存瓶颈的时候，就需要改变生存策略。根据环境的变化而改变生存策略，这个就是学习的过程。当我们不再用"习惯"等词汇来约束自己时，改变才有可能发生。当我们遇到困境的时候，尝试改变自己的生存策略。对环境的适应性越强，生存能力就越强。

如果能穿越回古代，我们一定会觉得没有意思。每天打开门，要干的活是一样的，使用的工具也是一样的，就连每天看见的邻居都是一样的。很多人一生都只生存在方圆一百公里内，甚至到离开世界时，总共也只见过村子里的几百人。那个年代，如果要找对象，必须靠媒妁之言，因为自己周围选择不多。

今天的我们完全不一样了，世界变化之快，完成超出想象。我们每天都在认识新的人，每天都会接收到来自世界各地的各种信息。未来，我们的下一代所面临的环境也必然和我们不一样，工作场景中使用的工具也会不一样。如果我们把过去的经验直接复制给下一代，期待这些经验能帮助他们应对整个人生，这是不可能的，这些经验甚至会束缚他们。

学习是为了优化自己的生存策略。原来不能面对的环境，通过改变生存策略，能更好地互动。这是检验学习效果的黄金法则。例如，以前面对领导会很紧张，现在可以坦然面对；以前陪伴孩子写作业，5分钟就想发飙，现在可以坚持30分钟。如果有所改变，说明已经习得了新的生存策略。

我们常说，有些人活了十年，就好像只活了一年。这就是成年人不再成长之后的样子。为什么相比年轻人，成年人缺乏改变的勇气呢？因为，成年人担心让自己生存了几十年的策略，在新的环境中不一定有效。

也有人说，听过了很多道理，但依然过不好。这是因为我们的学习只停留在理论层面，而没有实践。例如，我们想要学会弹钢琴，即使老师在我们面前弹了1 000次，但我们不自己尝试，是不可能学会的，最多只能应付笔试，应付知识层面的考核。

学习也是一个渐进的过程。考过了钢琴十级，也不代表就已经完全掌握了这个技能，而是需要在一次次的实践中持续精进。所以，我们要活到老、学到老。如果有人说，自己学习的知识够多了，不想再学了，或者说，自己老了，学习也没有用了。那，我们就要远离他或她。

二、学习和改变的逻辑层次

学习和改变的逻辑层次最早是以伯特兰·罗素的逻辑和数学理论为基础，由人类学家格雷戈里·贝特森为行为科学的心理机制提出来的。1991 年，由心理学家、教育家和作家罗伯特·迪尔茨从中提炼和发展起来。

逻辑层次，也叫理解层次。它是一套模式，可以用来解释社会上出现的很多事情，包括个人在职场的发展。逻辑层次从下往上分别是环境、行为、能力、BVR（信念、价值观、规条）、身份和系统，这个模型强调了不同层次之间的层级关系和影响。

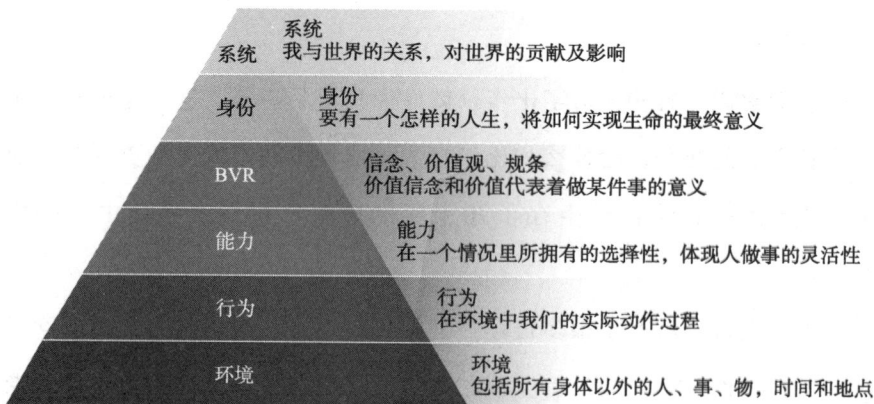

系统	系统 我与世界的关系，对世界的贡献及影响
身份	身份 要有一个怎样的人生，将如何实现生命的最终意义
BVR	信念、价值观、规条 价值信念和价值代表着做某件事的意义
能力	能力 在一个情况里所拥有的选择性，体现人做事的灵活性
行为	行为 在环境中我们的实际动作过程
环境	环境 包括所有身体以外的人、事、物，时间和地点

系统：自己与世界中的各种人、事、物的关系（人生的意义），指我们所处的更大范围的系统、组织或群体，包括我们所属的家庭、社

区、组织或文化系统。

身份：自己以什么身份去实现人生的意义（我是谁，我有怎样的人生），指我们对自己的认知和认同，包括我们对自己是谁的认知，以及我们在不同环境中扮演的角色和身份。

BVR（信念 beliefs、价值观 values、规条 rules）：配合这个身份，应该有什么样的信念、价值观和规则（应该怎么样、什么重要），统称信念系统，指我们对自己、他人和世界的信念、价值观和规则，这个信念系统会影响我们的能力、行为和与环境的互动。

能力：我们可以有哪些不同的选择，已经掌握和尚需掌握的能力（如何做，会不会做），指我们的技能、知识和能力，以及如何运用这些技能、知识和能力来执行特定的行为。

行为：在环境中我们做的过程（做什么、有没有做），指我们的具体行为和动作，以及在特定环境中所展示的行为方式。

环境：外界的条件和障碍（时间、地点、人、物），指我们所处的具体环境和外部情境，包括物理环境、社会环境和文化环境。

系统、身份、BVR 为"上三层"，是在每个人的大脑（或者说潜意识）里运作的，需要细心分析才有可能被发现；能力、行为、环境为"下三层"，通常是外在的呈现，是我们可以意识到的层次。

当我们遇到问题时，需要从更高一个层次中找到方法。如果在同一层次或者从低层次来寻找方法，效果往往不尽如人意或者消耗过多精力。

逻辑层次就像一个导航仪，帮助我们在众多混乱的事情中找到方向和出路，可以让我们把所谓的"一地鸡毛"变得更加顺畅；更重要的是让自己拥有更多的选择和方法，能够更好地和这个世界互动。

三、逻辑层次在学习和改变上的应用

逻辑层次模型被广泛用于激励个人的成长与发展。在不同层次的认知中，我们将能够探寻到问题的更全面解决之道。

➤ 第一层："环境"

处于这个逻辑层次中的人，常常把问题归因于外部环境的不利。例如：一个三年未获得晋升的个体，归因于经理不赏识他；团队目标没有完成，归因于同事能力不行；一直买不起房子，归因于政策调控不够，或者父母支持不力。长此以往，这样的人只会天天处于负能量中，而不会有所改变。

我们应该认识到，尽管存在环境的影响，但我们的成长和进步不应受制于外部因素，要学会从环境的限制中解放出来，在自我认知的基础上，积极探寻提升与成长的途径，找到更适合自己的生存策略。

➤ 第二层："行为"

处于这个逻辑层次中的人们，常常把问题归因于自己未付出足够的努力。例如，一个三年未获得晋升的个体，依然对自己说："我只是还不够努力，只要我再努力一点，经理一定会看见我的。"

正如谚语所言："方向不对，努力白费。"并非所有的问题仅凭"努力"就能解决，有些人看起来很努力，却没有为企业带来价值。因为努力是成功的必要条件，并非充分条件。

➤ 第三层："能力"

处于这个逻辑层次中的人们，常常把问题归因于个人能力的不足，并在这个层次中寻找问题的解决方法。例如，当一位业务精英晋升为部门经理后，发现团队的业绩出现下滑，就会认为自己的管理能力存在问题。在这种情况下，他可能会去报名参加各种学习，以强化自己的管理技能。尽管自己并不了解，但他坚信通过学习更为成熟的经验和方法，可以站在前人的肩膀上，为问题寻求更优解决方案。

➤ 第四层："BVR"

处于这个逻辑层次中的人们，遇到问题时常常会思考：什么才是更重要的？例如，当团队业绩不达标时，他们会分析多方面的原因：产品质量不合格、性能不稳定，与竞争对手相比不具备竞争力；领导和管理不善，导致团队成员的士气下降，工作动力降低；团队内部沟通不畅，甚至引发冲突，影响工作效率和团队协作；缺乏足够有效的营销和推广策略；宏观经济环境的变化，如经济下滑、通货膨胀等。

经过分析后发现问题的核心是：客户需求发生了改变，企业所提供的产品不再符合市场需求。于是，他们会根据这一情况，再制定出更有针对性和可持续性的解决方案。

如果说，处于能力层是让我们把事情做对，那 BVR 层就是帮助我们选择做对的事情。

➤ 第五层："身份"

处于这个逻辑层次中的人们，遇到问题时常常会思考：我是谁，我应该怎么做？

每个人都对自己有着独特的身份认知。不同的身份，就会拥有不同的 BVR，并做出不同的选择。例如，一位女性成了妈妈以后，会面临多个身份的选择。如果她渴望拥有独立赚钱的能力，可能会回到职场中；如果她期待能有更多时间陪伴孩子成长，或许会选择成为全职妈妈；如果她在陪伴孩子的过程中也希望有自己的事业，就会选择轻创业。

当我们清楚自己的身份定位后，就会做出不一样的选择，可以帮助我们在逐步认识自己的过程中，找到生活和职业方向。

➢ 第六层："系统"

处在最顶层的人们，极为稀少。他们的思考模式是：人活着就是为了改变世界，利己和利他相结合。在这个层次中，所有的思考都围绕着：用利他实现利己。例如，著名的企业家和慈善家稻盛和夫在《利他的经营哲学》中讲：所谓人生，就是为社会、为世人尽力，就是为了实践利他。

在京瓷公司的经营中，稻盛和夫一直强调以满足客户需求为中心，注重为顾客提供高质量的产品和服务。他的目标不仅是实现企业的利润最大化，更是为了创造价值，满足客户的需求，带来社会效益。他坚信，通过为社会和他人创造价值，企业的成功和可持续发展会自然而然地实现。

稻盛和夫的关注不局限于经济层面，他深刻理解环境保护的重要性。在他的领导下，京瓷公司积极推动环境友好型产品和技术的研发，以减少对环境的影响。他的这一做法体现了他对于"利他"精神的践行，关注到了企业对环境和社会的责任。

此外，稻盛和夫在慈善领域也展现了"利他"的价值观。他创办的稻盛和夫基金会以及和谐发展基金会，都旨在支持教育、医疗、环境保护等社会事业。他将自己的财富投到这些慈善项目中，致力于帮助那些需要帮助的人们，促进社会的发展和进步。

比尔·盖茨和梅琳达建立基金会，致力于解决全球卫生、教育和贫困等问题。他们投入大量资金支持医疗、疫苗研发、教育改革等领域，致力于改善全人类的生活。

特斯拉创始人埃隆·里夫·马斯克一直致力于推动可持续能源和环保技术的发展。他的公司开发了电动汽车和太阳能产品，为减少对环境的影响作出了积极努力，公司也获得了一定的效益。

这些案例都是以不同的方式体现了"利他"的精神，他们用自己的影响力、资源和行动来改善社会和他人的境遇，也实现了利己。

小结

逻辑层次是一个强大的模型，引领我们在追求个人成长和实现自身价值的过程中，更深刻地理解自我认知和行为模式，同时帮助我们理解复杂的社会现象。让我们在成长的道路上，不断地探索和提升，以更高的认知境界展现更广阔的人生图景。

02 系统：引领未来的动力

系统，指自己跟世界中的各种人、事、物的关系，也指和未来的世界或者想象中的世界的关系，以及人生的意义是什么。

一、系统的独白

嗨！你好，我是"系统"。

你从来都没有看见我，但我一直在你身边。有时候，我会给你助力，有时候也会让你很为难。如果你能够了解我的存在，了解我在你的生活中是如何与你互动，你的生活会更加轻松愉快。

系统像烟、像雾、像空气、像阳光，在我们身旁无声无息地存在着。如果把系统想象成一个人的话，我目之所及、心之所向，这个系统就会形成。只要产生一个连接，系统就会显现。

我在线上直播间讲课，有没有系统的存在？有的。我通过线上平台把我的声音传递出去，和学员分享课程信息，我就是建立了一个系统：如果学员学习后没有收获，它就是一个娱乐系统，就像听小说一样；如果学员有所收获，它就是一个师生系统。如果学员把学到的知识应用到家庭和工作中，这个系统就会扩张到学员的家庭系统和工作系统中。

二、个体系统（本人）

个体系统是一个个体身体、心灵、心智的总称，是一个个体的过去、现在和未来的总称，也是个体将要去向的未来。

在个体系统里，我们的手指头、脚趾头和内脏，都是"人"这个系统的重要组成部分。就像大齿轮中的微小齿轮，它们虽小却承载着重要的功能。每一个微小变化，都有可能牵动整个大系统的运转。就像我们剪指甲的时候，若不小心剪到肉，造成出血，就会影响整个人的心情和状态。如果不妥善处理伤口，还可能引发炎症，对我们的身体健康产生不良影响。

当面对一个个体时，我们可以从多个层面观察他的状态，包括身体、心灵和心智状态。心智状态是指存在于大脑里的知识体系，包括学校所学、书本阅读以及个人生活经历所积累的知识和经验。每个个体每天的行为和思想，都是构成我们生命系统的一个要素。

对个体而言，当我们谈到系统时，更关注的是个体的未来。每个个体和世界的关系，都是先出现在系统中，然后再由潜意识来推动身体慢慢变成现实。所以，我们要以终为始，想象我们的世界的人、事、物是怎样互动的，想象我们未来的样子。

如果我们认为自己的人生会是多姿多彩、幸福美满的，即使当下正处在挫折的阶段，因为有系统性的规划和思考，不久的将来，亚马孙河流域热带雨林中的蝴蝶扇来的也一定是幸福的龙卷风。

我们可以用各种各样的方式去创造价值，用不损害其他人的方式来得到一些价值，这是系统带来的变化。这个系统的变化也是源自每一个个体的变化，终究是源自思维模式的变化。

我们常常会纠结过去。有人说不能接受过去，因为过去发生了很多痛苦的事情。然而，时间是无法逆转的，过去已成历史，无论是痛苦还是开心，都无法改变，只在我们的记忆中。当我们离开这个世界时，所有的记忆都会清零，所有所谓的痛苦、快乐全都不复存在了。

但是，当下我们还活着，还要去往未来，未来有无数种可能。如果始终停留在过去的痛苦中，我们就会觉得未来没有选择。我们可以改写痛苦的记忆，把过去发生的事情用另外一种方式呈现出来，找到让我们未来生活得更好的动力。

因此，系统的核心是让每一个个体都能在自己的系统中，看到所能得到的资源，以及如何让自己更好地生活，更好地与这个世界互动。

三、小系统（2～3人）

在这个复杂多样的世界中，我们不可避免地都需要与其他人和事物进行互动。每当我们与第二个个体或事物建立连接时，就形成一个系统——比个体系统更大的小系统。这个小系统是由两个或多个个体或事物组成。

一个男人和一个女人，作为个体的时候，他们是个体系统。当他们结婚以后，就变成了伴侣系统。这个系统像婴儿一样，出生以后需要两个人一同去维护它、照顾它，做一些对这个系统有好处的事情，让它茁壮成长。

在这个小系统里，第二个个体，可以是我们身边的人，也可以是心里想着的人。在家里和爱人吃饭，和爱人间是伴侣系统。同时，心里还想着：明天爸爸生日，要给他买什么礼物呢？这是亲子系统。

如果其中一方心里不接受另一个人，虽然人在一起，但是这个系统就不复存在，或者是变成一种有问题的纠缠系统。在一个亲子系统里，如果孩子不接受父亲，觉得他不配做父亲，没有资格做父亲，孩子就会把自己从这个亲子系统中剔除出去。这个系统破坏以后，孩子会感觉到很失落。

每个个体的内世界将会决定外世界。我们将面对的人想象成什么样的角色，就会营造出相应的系统。如果我们内心想到的是父母，毫无疑问，我们就处在亲子系统之中。

在亲子系统的规则中，孩子需要无条件地接受父母，父母也需要无条件地给予爱。当孩子不愿意接受父母时，父母也无法给予爱。这种内心纠缠的情绪，容易投射到伴侣系统或职场系统中，可能会将伴侣或领导想象成自己父母的角色，进而影响着伴侣系统和职场系统之间的相互关系。

总体而言，每个个体的内心世界与外界息息相关，小系统互动的方式会影响整个系统。

四、大系统（由多个小系统形成）

当个体与越来越多的人、事、物产生连接时，系统就会逐渐变得庞大而复杂。这个大系统是由无数个小系统相互交织而成。也许是由我、你和他构成的小系统，也可能是由我们和他们组成的小系统，甚至可能涵盖成千上万人，形成一个巨大的系统，宛如巨人般存在。

在这样的大系统中，每个个体和小系统都可以是单独的系统，也可以是多个系统的组成部分；一个系统，也可以是一个更大系统的一部分。比如，地球本是一个系统，也是太阳系中的第三颗行星，同时还是银河系中的一个行星。我们首先是自己，然后是企业的员工、家庭的成员、中国的公民，还是世界的一员。

➢ 小系统依靠大系统

随着互联网的普及，很多企业纷纷成立了新媒体部门，希望通过新渠道来创造更好的业绩。如果这个部门并不尊重其他的部门，甚至不尊重公司的高层，认为公司的将来都得依靠自己，最后这个部门很可能会被撤销。

两个人结婚生了宝宝后，这个家庭就是一个大系统。刚出生的宝宝，作为一个小系统，必须要和大系统在一起。如果宝宝不能和自己的父母住在一起，久而久之连接就会断裂，断了爱，断了营养。

当我们把系统的状况重新理清楚，重新开始照顾它，让它康复，慢慢长大，这个系统才会越来越大。

➢ 小系统受制于大系统

事实上，人类与其他生物共同生活在这个广袤的星球上。一些自然现象，对整个地域而言是微小的，如局部的海啸、龙卷风、台风，但都有可能给人类带来巨大的损失。在大系统面前，小系统的影响力被限制。

我们常常会看到系统与系统之间的纠缠和冲突。然而，每个个体在整个系统中真的很渺小，只是小系统中的一员，即使看见了问题，很可能也无能为力。

有人可能会说：事情很简单，只需颁布相关制度就可以解决了。然而，制度是需要得到所有人认同才能执行的。如果无法适应系统，制度是运作不起来的。过去四十多年的过程，于每一天对每一个环节的改善，才最终带来今天的成绩。

系统越大，改变起来越困难。最容易改变的是自己，因为我们是小系统的一部分。不能改变的是过去。我们真正能改变的，只有现在的家庭和未来。

五、系统动力

系统动力就是以"共"和"同"为基础，推动个体与个体、个体与小系统、小系统与小系统，创造共同未来的驱动力。它隐存于系统内部，一般情况下，系统成员无法觉察或观察到。"共"是指彼此共创的未来，"同"是指现在或过去相同的特质或属性。

随着系统的不断扩大，产生的系统动力也会越来越大，同时，个体也越难掌控系统动力的方向和结果。就像春运期间，火车站客流涌向闸口，每个旅客都是系统这个巨人身上的一个小细胞，被系统推动朝着闸口的方向前进。作为小小的细胞，如果我们想要指挥大系统的走向，是非常难的。

系统的动力来自：动、变、前。

第一个动力：动。个人也好，关系也罢，总是在运动中。

第二个动力：变。每一天都在变化，正如我们的细胞每一天都在新陈代谢。

第三个动力：前。向前，时间在往前，永远无法后退。

我们无法直接改变系统的动力，但可以配合系统的动力。根据系统的变化随时做出调整。如果我们遇到一件很难的事情，可能是还没有适应变化；如果有些事情没办法做到，可能是我们还在坚持过去的方法。

深入理解系统层次有助于个人和组织更好地适应和理解外部环境，并在系统中发挥更积极和有效的作用。这提醒我们关注系统整体的运行和发展，促进系统中的协调和协作，以实现更大范围的目标和成功。

个人在系统层次中，需要考虑与同事的合作、与上级的沟通、与客户的关系等。比如，和同事的互动会影响彼此的关系，甚至会影响其他人，以及整个企业。如果我们能彼此尊重并给予支持，这个系统将越来越强大。

在企业内部，各个团队形成了一个系统，彼此之间的合作和协调对于整体业务的成功至关重要。每个团队的工作都影响着整个系统的运作和绩效。通过理解系统层次，各个团队可以更好地认识到彼此之间的依赖关系，更有效地进行沟通和协作，以达成更好的绩效和成果。

小结

"系统"打开了我认知这个世界的另一个视角，就像发现了月球、宇宙的存在一样。在没有意识到系统之前，我只看见自己，看见自己身上的各种情绪，以及对人、事、物的接受和不接受。

当我了解系统的存在，我开始更深刻地认识自己，也更好地理解他人。这个认知让我能更好地与世界互动，并逐渐找到了自己的人生意义。

03 身份：探索生命的意义

作为一个个体，"身份"就是一生探寻并坚信自己是什么样的人，是我们对自己和他人的认知，这种认知决定了我们生命中的意义。我们所定义的身份也许是一个善良的人或者一个有道德的人。这个身份会伴随我们在不同的角色中展现出来，无论是作为父母、孩子还是员工。

我们的身份是独特的，影响着我们在生活中的表现和选择。善良的身份可能驱使我们帮助他人，表现出同情心和关爱，时刻努力传递温暖和善意；有道德的身份则可能激励我们遵循良好的价值观，守护道德准则，对自己和他人负责。

一、身份的独白

嗨！你好，我是"身份"，住在二楼。

楼上是我的大哥，叫"系统"。我常常身不由己，大哥怎么说，我就怎么做，我做的很多事情都是为了服务他。

很多人叫我"身份"，其实我还有很多小名，比如：角色、人设、位置、职位、岗位等。我希望每个角色都能有益于系统。我的地盘，我做主。

每个人都有很多"角色"，只有当"角色"很成功时，我们的"身份"才能更清晰地被看见。比如，一个人在职场中有员工、领导者或者团队成员等不同角色，只有当他作为员工时展现出卓越的能力，作为领导者时展现出优秀的领导才能，或者在团队中表现出协作与团结的精神，他在这些"角色"中的"身份"才会更加明确。

我们的"身份"是由我们在不同系统中"角色"的共性所定义的。这不仅可以帮助我们更好地扮演这个角色，还可以帮助我们更好地了解自己，明确自己在系统中的身份及身份给自己的生命带来的意义。

二、身份是个体实现生命的最终意义

对于一个个体而言，身份是指：我究竟是谁？

在这个世界上，只有"自己"的身份是可以由自己决定，而不需要跟其他人互动来产生，而且无论何时都不会失去，是我们来到这个世界就拥有的，包括我们是谁的孩子，是哪个家族的人。

当别人问我们是谁的时候，我们会报上自己的姓名。名字是为了更好地区分自己和别人，但并不能代表一个人的全部。对于生命这个系统来说，我的身份是由我的血缘来延续的。不管我叫什么，我身体里流的血液，是永远不会改变的。

> 身份和时间线的关系

我们不仅要看到当下的自己是谁，更重要的是还要看到未来的自己会是谁。所以，身份和时间线有着很重要的关系。时间线是指过去、现在和未来。

过去，是不可改变的；现在，是新的当下，我们有选择的权利；未来，在大脑里创造和构建。

无论曾经生活得如何，都已经成为过去。如果刻意把过去变成现在，把过去的情绪复制到现在，未来只会依旧。今天，只要愿意做出调整和改变，未来总会有所不同。

因此，身份是一个人心理活动中最核心的部分。我们做的每一个决定——做或者不做某事，内心有什么样的计划，或者想隐藏什么、想面对什么、想逃避什么，都会成为未来生活去向何方的变数。

所有的行为模式都是为了服务这个"身份"。如果"身份"认定自己没有理由做一个痛苦的人，我们就会屏蔽痛苦。我们对自己身份的认知，决定我们对外界资源的接纳和选择。当下的一切，未来都有可能成为我们人生系统中的一部分。比如，我现在的学员，未来可能成为我的同事或者朋友。

➤ 身份——实现生命的最终意义

"身份"，还指我们每个人将如何实现自己生命的最终意义。

想象一下，如果我们百年以后，后代跟其他人谈起我们的时候，希望他们怎么描述我们呢？希望大家在墓碑上记载自己是怎样一个人呢？或许我们也可以问问自己：如果明天就要离开这个世界了，我们有没有什么事情是遗憾的、愧疚的、后悔的？如果还有事情未完成，那就从今天开始去为自己的生命做一些事情吧。

我的孩子曾流着眼泪问我："妈妈，我想不明白，活着究竟是为了什么？"我告诉他："探索，本身就是生命的意义。我们来到这个世界就是为了探索、体验和感受生命的每时每刻。"

每个人都会对自己的生命怀揣着一个正向积极的期待，然后每一天都朝着自己想要的生命状态前进，因为生命的状态是靠自己活出来的。在我们漫长的人生旅程中，每一个环节都会构成人生中的一部分，每一天都属于我们所拥有的身份。

所以，我们需要深思的是：在未来的日子里，我是谁呢？我希望自己成为怎样的人？所有的行为模式都是为了配合这个身份。如果我们认为自己是一个正直的人，就会积极地表现出正直的品质。

三、角色是身份在系统中的呈现

身份只有一个，可是身份的"分身"——角色，会有很多个。每一个角色在不同的系统中产生特定的影响和效果。作为孩子，我们承受着家庭的期望和责任，同时感受到亲情的温暖与关爱；作为父母，我们要养育孩子，让孩子能快乐健康成长；在职场中，作为下属，我们需要展现出专业能力和合作精神；而在学校或社交圈中，我们要与同学、朋友建立连接，获得他人的信任。

➤ 角色只是身份在某个系统中的表现

换言之，身份涵盖了在不同系统中的所有角色。每个人所有角色加在一起才是这个身份的全部。在某种程度上，身份比角色的维度更大些。

当我们置身于不同的系统，或与不同的人相处时，我们的角色就发生了改变。比如，孙悟空在不同的情境下，也扮演了不同的角色：刚从石头里蹦出来的时候，他的角色是一只猴子；在天上养马的时候，他的角色是弼马温；到唐僧团队的时候，他的角色是唐僧的大徒弟；在取经的路上，他不断地跟各个系统互动，不论是妖怪系统还是神仙系统，他的角色都在不断发生变化。

我们需要在每一个系统中认知和揣摩好自己的角色。在不同的环境中，我们需要改变和调整自己的角色定位，帮助我们更好地融入不同的系统，并促进系统未来的发展。比如，和妈妈在一起时，我是孩子，要关心和孝顺；在写作时，我要以作者的身份展现出自己的创造力和表达力；在讲台授课时，我要担当好讲师这个角色，传授知识、启发思考；在餐厅吃饭的时候，我要以顾客的角色，表现出礼貌和尊重。所有这些角色的合集，构成了"我"这个身份。

➤ 身份和角色的关系

身份和角色的关系，就像钥匙和锁的关系。锁在自己手上，可是钥匙却在对方手上，决定权在系统中其他人手上，而不在自己的手上。

每个人的身份需要在系统中呈现出来，这个角色表现得好或者不好，是由角色对面的人来决定的。我是不是一个好老师，不是由我自己来定，而是由学员来定，我不能给自己颁发一个"好老师"的奖。某个演员是不是个好演员，由观众说了算。

身份的存在是为了更好地服务系统。在不同的系统中，所有的身份都需要被认可和重视，而每个人的身份都小于所服务的系统。例如，在企业中，董事长和CEO的身份都比较大，但，这两个身份的存在是为了让系统更好地运作下去。

人与人之间的互动是一种相互影响、相互调整的过程。例如，当你觉得对方是一个非常优秀的上级，你也一定是一个优秀的下属才能跟他互动。这是非常奇妙的系统互动的模式。

拿破仑·希尔曾讲述过一个故事：

艾诺和布诺同时受雇于一家超市。刚开始大家都一样，从底层干起。不久后，艾诺受到了总经理青睐，被提升为部门经理，布诺却仍混在底层。

布诺觉得总经理不公平，辛勤工作的人得不到重用，反而重用那些爱吹吹拍拍的人，于是他提出了离职。

总经理很了解布诺，认为他能吃苦，对他也颇有好感，但总觉得他缺点什么，一时间三言两语也说不清楚。有一天，总经理看见布诺一脸委屈的样子，忽然有了一个主意，就和蔼地说："布诺先生，你马上到集市去，看看今天有什么卖的。"

布诺跑到集市上，只见一个农民拉了一车土豆在卖。他不以为然，马上回去向总经理汇报。

"那车土豆大约有多少袋？"总经理问。布诺又跑回去，过了一会儿气喘吁吁回答说有 10 袋。

"多少钱一公斤？"布诺又拔腿往外跑，这时总经理叫住他，"你休息一会儿吧，看看艾诺是怎么做的。"

总经理叫来艾诺，吩咐说："你到集市上看看今天有什么卖的。"艾诺出去了。

不一会儿，艾诺回来报告说："总经理先生，到现在为止只有一个农民卖土豆，总共有 10 袋，价格适中，质量很好。"他还带回几个土豆拿给总经理看，还说这个农民过一会儿还将弄几筐西红柿上市，据他看价格还算便宜，可以进一些货。

布诺红着脸离开了总经理室。

布诺不认同总经理的"身份"，导致他在工作中产生情绪，忽略了别人的优点，反而只关注其他人不好的地方。

在帮助系统发展、平衡、壮大的过程中，每一个身份都有自己需要履行的职责和任务。在求职时，我们是否愿意让"他"成为未来的领导，是否愿意其成为团队里的一员，都是非常重要的决定。如果愿意，工作会更顺利，相处会更融洽；如果不愿意，未来会面临很多冲突和摩擦。

每一个角色都是为了服务系统中的其他人，以使整个系统变得更好。看似我们个人的决定，但也会影响到自己的未来，影响到周围的人，甚至影响到整个社会系统。正如那只在南美洲亚马孙河流域热带雨林中的蝴蝶，偶尔扇动几下翅膀，可能在两周以后引起美国得克萨斯州的一场龙卷风。

四、人的痛苦来自身份定位

在《重塑心灵》一书中，李中莹老师把"身份"比喻成钻石，这个比喻生动地展示了身份和角色之间的关系。每个人就像是一颗刚刚被挖掘出来的钻石原石，很普通，没有光泽。经过工匠不断打磨和细心雕琢后，才能变成一颗精美的钻石。每个角色就是钻石上不同的切割面，在不同的系统中展现出自己独特的光彩和价值。

然而，人生中90％的痛苦来自角色的冲突，主要体现在以下几方面：

➢ **第一个痛苦：来自"我执"**

"我执"是指对自己的执着，不愿意改变和打磨自己，不愿意在系统中做出必要的切割和调整，只关注自己的需求和意愿。

有些人像一颗宝贵的原石，拥有独特的价值和才能。比如某个舞蹈家，她专注跳舞，不在意任何人的评价，因为她的原始才华已经如此璀璨，不需要额外打磨。

但是，要做原石，不仅需要本身有价值，还需要周围的人给予足够的空间和爱。原石状态最大的特点就是停留在过去，用过去的心智模式与人互动。如果使用婴幼儿时期的心智模式，会不断要求父母或他人无条件爱和包容，还要第一时间满足自己的所有需求；如果在青春期，就会看什么都容易从自我出发。

人活在这个世上，我们需要面对不同的人和系统，每个系统都需要展示不同的切割面。这意味着，我们需要在不同的系统中调整自己的角色，为他人和系统服务。若停留在原石状态中，往往会忽视自己未来的发展，而沉溺于纠结之中。

还有一种模式是：长期用受害者的心态不断强化自己的身份，将自己锁在无法解开的困境中。这些人常常说自己不是一个好命的人，人生充满痛苦。

➤ 第二个痛苦：以点概面

当一个人长期处在一个角色中，很容易将这个角色的特质和行为复制到其他所有的角色中。例如，一个人在职场中是领导，回到家也会是领导的状态。这种以点概面的模式，往往会非常容易产生冲突，同时也给自己或他人带来痛苦。

以点概面的模式意味着我们在不同的角色中没有区分明确的边界和身份，而是将某个角色的特征泛化应用到其他所有角色上。

分享一则坊间关于英国女王维多利亚与丈夫的小故事：

有一天，维多利亚女王与丈夫吵架，丈夫生气地回到房间，闭门不出。在维多利亚女王要回卧室时，敲了敲门。

丈夫问："是谁？"

维多利亚女王高傲地说："女王！"

里面没有动静，门也没有开，女王只好再敲门。丈夫在里面再问："是谁？"

维多利亚女王说："维多利亚。"丈夫依旧不开门，维多利亚女王再次敲门。

丈夫问："是谁？"

维多利亚女王明白了，柔声地说道："你的妻子。"

这一次，门开了。

如果把"孩子"的角色复制到其他角度中，我们就会到处找父母般的照顾和关注：在家庭中，希望伴侣像父母一样照顾我们；在职场中，期待同事或上级像父母般呵护我们。长此以往，这种"孩子"般的行为模式，导致我们很难交到朋友，因为朋友都是需要彼此照顾和支持的。

假设原来系统中，上级对你非常好，在他的照拂下，你的感觉也非常好。然而，当你换了一个新上级，如果他不像原来的上级那样待你，你会感到很难适应。所以，为了适应新的系统，你要调整沟通模式，学会与新上级建立新的工作关系。

> **第三个痛苦：在其位不谋其政，身在曹营心在汉**

有些人在角色中表现得不够恰当，导致"在其位不谋其政"，即没有充分履行自己所担角色的职责。例如，和父母在一起的时候，不做孩子，却表现得像父母，过分关心照顾；在与自己的孩子相处时，又不做父母，表现得像孩子一样，依赖他们。在每一个角色中，都存在着身份的错位。我们需要调整自己的身份，做到"在其位谋其政"。

此外，还有些人"身在曹营心在汉"。例如，婚后没有转变为妻子/丈夫的身份。既然建立了自己的家庭，就应该关注伴侣和新组建家庭的需求，而不是一心只想着原生家庭中的父母和兄弟姐妹。如果这种身份错位，会导致两个人的关系逐渐疏远。

当我们理解了正确的身份定位以后，就知道需要从哪个方向进行调整。如果让家庭关系陷入困境，每天在一个被动、为难的角色中挣扎。久而久之，就会面临关系的结束。

在系统中，每个人的角色都应该被看见。当我们看见系统中的每个人，就会看见自己在系统中的角色。正如钻石的切割面需要光线的折射一样，只有当我们在每个角色中充分发挥作用，认真对待自己职责，才能在系统中发出独特的光芒。

小结

如果想要让自己的人生活出璀璨和自在，我们需要认真思考以下问题：

● 我是什么身份，应该如何去看待自己的生命状态和未来的人生？

● 在每个系统中，我们所扮演的角色，对于对方来说，价值和意义在哪里？他需要我这个角色做什么？

在职场中，如果我们不去履行企业所需要的员工的角色，只关注自己想做的事情，企业就无法得到对我们的期望价值。如果这样，企业为什么要给我们付薪水呢？最终，企业只能用"辞退"来结束这个雇佣关系。

在成长的过程中，每件事情发生都有其原因和意义。我们不仅仅要尊重自己，更要尊重系统中的每件事情、每个人。这种尊重和理解将帮助我们更好地适应环境，提高与他人的沟通和合作的能力，创造积极的影响。

04　BVR：改变大脑的开始

　　信念系统，包含了三个非常重要的部分：信念（beliefs）、价值观（values）和规则（rules），简称BVR。信念系统在我们的认知和行为中扮演着重要角色。通过持续学习、反思和与他人交流，我们可以不断完善和更新这个系统，以更好地应对日常生活中的各种挑战，保持对世界准确和全面的理解。

一、BVR的独白

　　嗨！你好，我是"BVR"。

　　我每次出现的时候，就像是三头六臂的哪吒。

　　我的三个头分别是信念、价值观和规则。我主要的职责是守住大脑的第一道门，我无法区别什么是真正的有害或者有益，我只能靠历史来决定。然而，我也有自己的局限性，我很难发现自己的存在。除非我感受到情绪，否则无法实现"系统"和"身份"想要的未来。

　　信念系统可比喻为大脑中的杀毒软件，它可以检测和清除大脑中的

"病毒"——对世界的理解和认知中我们所不能接受的错误或不准确的信息。

信念系统也并非完全准确或无误，由于信息的局限性、感官误导或经验不足等原因，也可能会产生错误的信念或认知。我们需要通过不断学习和积累经验来更新和优化我们的信念系统，以保持对世界理解的准确性和完整性。

信念系统是我们对世界和自己的看法和解释，是我们行动和决策的基础。升级信念系统不仅可以帮助我们更好地理解世界，还可以帮助我们更好地与他人沟通和促进相互理解。

二、信念

信念，是"事情应该是怎样的"或者"事情就是这样的"的主观判断。信念像大脑一样，指挥着我们做什么；信念像神奇的魔法一样，对接下来所有的行为都有一定的推动作用。信念，就像是人的眼睛。信念的核心在于我们是否愿意给予自己更多选择。我们愿意给予自己更多选择，愿意面向未来。即使现在生活不顺利，我们愿意调整和改变，身边会有很多接纳、陪伴和支持。

如果我们学会调整自己的信念，接纳自己和其他人，人生中就会少了很多不开心的事情。审视和改进我们的信念系统，学会拓展和调整信念，不断选择正面、积极的信念，都是实现自我成长、提高幸福感的关键。

➤ 信息的来源

"相信"（信念）源于本人的亲身经历、观察他人的经验、受信任的人之灌输，以及自我思考做出的总结。

> 第一个来源：本人的亲身经历

当一个人亲身经历了某种情境或事件后，往往会根据这些经历形成相应的信念。例如，一个人曾经遭遇过交通事故，下一次坐车的时候会更加小心谨慎，甚至让司机不要开太快，因为他相信这样才能保证安全。

亲身经历中所获得的好处（或价值）也会影响信念的形成，因为成功的经历会让人延续相应的想法。

> 第二个来源：观察他人的经验

当我们看到他人取得成功或克服困难时，大脑会产生"我也可以"的信念。观察到别人的成功经验，我们往往会在脑海中形成自己也能取得类似成功的画面。

我本不会讲课，也没有做过导师，可是我发现张老师也是刚刚从事这个行业，甚至是比我讲课的经验还少一些，但是他现在能讲得很好。于是，我的大脑里就会形成一个信念：既然他可以，我也一定可以。

信念的特点就是在没有发生之前如何去假设事情的发生。当我看到别人讲课成功后，大脑里会产生我也可以讲得很好的画面。本来你不在意伴侣送什么礼物，可是看到隔壁李姐收到丈夫送的包后，你可能会形成一个新的信念，这是把别人的经验借过来用在自己身上。"种草"就是将别人的经验带入自己的生活。

> 第三个来源：受信任之人的灌输

我们会倾向于相信那些我们信任的人所传递的信息和观点。如果我们的家人、导师或朋友坚定地告诉我们某种信念，往往会对我们的思维产生影响，并在一定程度上塑造我们的信念系统。

我们相信妈妈，因此会相信她所说的观点。如果妈妈说："男人不能太有钱，男人太有钱就会变。"在未来的生活中，我们就会把家里的钱抓在手上；如果妈妈说："对于男人来说，最重要的是能够得到伴侣的陪伴和支持。"你也可能把这个信念传承到自己的家庭中。所以，仔细留意自己的信念，是不是传承了家族系统的信念。

在很多课程中都会有金句，这也是一种信念的植入。比如资格感练习，就是一种信念植入法。

> 第四个来源：来自自己的思考

我们通过对自身经历、观察他人的经验和受信任的人之言论进行思考和分析，从中提炼出结论和信念。这种自我反思和总结有助于我们建立更加全面和深入的信念系统，使我们能够更明智地做出决策和行动。

信念像安检系统，不管源自哪里的信念，都需要经过自己的思考才能进入大脑。然而，这个安检系统并不绝对有效。有些信念跟自己的信念比较符合，就会进入大脑；有些信念不符合自己的信念，就会被删除。

当我们信任的人给了一些自己潜意识里并不愿意接受的信念，两个信念就会产生冲突：一个信念是"我相信他"，另外一个信念"如果接受了这个信念，我就没有了选择"。这种冲突会导致我们内心纠结，因为我们无法做出一个明确的抉择。

如何判断对方的信念是否值得采纳呢？答案是：看看这个信念能否为我们的人生服务。如果这个信念能够有效地帮助我们拥有更多的选择和可能性，那么它是一个有效的信念。有效的信念可以为我们的人生增加新的可能性和机遇。如果这个信念减少了我们的选择，甚至没有给选择的余地，那么它就是一个限制性的信念。

> 独一无二的信念

每个人都是独一无二的，因此每个人的信念系统也会不同。要改变信念并不容易，因为每个信念的背后都潜藏着我们渴望获得好处的动机。

在我的信念里，我坚信两个人相处应该坦诚相待。这个信念对我的好处是，坦诚会让双方相处更加轻松愉快。如果在对方的信念里，认为这个世界存在很多风险，那么这个信念对他的好处是，可以让自己更安全。

不管我们相信什么，验证信念是否有效的核心是"它"让我们的"身份"和另外一个人的"身份"相处起来更融洽了，还是更矛盾了。如果矛盾更大了，我们就需要审视和改变自己的信念。否则，两个人会越走越远，以至于系统不能很好地存在，甚至面临分离。

> 信念有可能会被改变吗

可以。当价值在创造、增大或转移的时候，原来的信念就会被改变，产生新的信念。

在职场中，我们常常听到员工吐槽："这个老板不是个好人，整天找我碴儿，真的是想不干了，烦死了。"如果有朋友劝说："是啊，你这个老板确实是不太容易相处。既然你打算辞职了，我建议你在这半年里把你老板的拿手绝活学会，然后再离职，找一个更高工资、有更大发展空间的工作。"于是，他在这半年里认真把老板说的每一件事情都落实下来。后来，甚至能在老板安排工作前，就把事情办妥当。不到半年，老板发现这个员工能力很强，于是就加了工资。员工这才发现："原来这个老板也不错哦，居然加我工资了。要不，我就留下来继续跟他学东西。我的能力在提升，说明这个老板真的有料。"当员工的能力不够的时候，的确比较受挫。当员工的能力得到提升，工作变得得心应手时，他的信念和态度也会随之改变。

信念是灵活变化的，不是刻板固定的。随着个人经验和成长，我们的信念可能会发生转变。

三、价值观：做与不做任何事情的原因

弗洛伊德曾说："一个人做一件事情，不是为了获得快乐，就是为了逃避痛苦。"这说明在我们的行为背后，隐藏着某种内在的驱动力，要么是寻求快乐，要么是逃避痛苦。

➢ 价值，就是事情的意义和一个人能够在事情里得到的好处

每件事情背后的价值都藏在潜意识里，需要我们去挖掘。有些人一直生活在某种痛苦中，却不做任何改变。这是因为这背后一定存在着他们所在意的某种价值。例如，有人觉得上班是一件很头疼的事情，有不喜欢的领导和不喜欢的同事，还有很讨厌的客户，尽管如此，他依然每天早起去赶公交车上班。为什么还在坚持？因为在这背后有一份价值叫"收入"。试想一下，如果老板不发工资，他还会继续吗？显然不会。

然而，这也是推动我们做出改变的动力。不愿意做出改变的人，会怕失去自己所在意的价值。因此，要推动一个人改变必须从他的价值观

入手，了解他真正在乎的是什么价值，并探索如何在他所做的事情中增加更多的价值。

> ➤ 价值分为有形的价值和无形的价值

有形的价值包括衣、食、住、行以及钱、财、物等，属于物质方面。有形的价值是我们能够感知和触碰到的，它们满足了我们的生存和物质需求。例如，一个人选择在某个公司工作，尽管不喜欢这份工作，但公司能提供丰厚的薪资——这是他在意的价值。

在某些情况下，为了推动一个人做出改变，可以使用有形的价值来激励。例如，在我的课程里，如果有学员说要改变，却不愿意做练习，我会邀请他先发个承诺书，等完成练习后再退回承诺书作为奖励。我就是用他所在意的这份价值，来推动他去做改变并获得改变后的价值。

无形的价值包括系统、身份、爱以及尊重、认同、肯定等内在需求，这些是有形的价值无法满足的。无形的价值无法被触碰和量化，但它们在我们的内心深处扮演着重要的角色。

对于一个孩子而言，无形的价值远比有形的价值重要。孩子不太在意住什么地方，穿什么衣服，或者吃什么食物，但他们在意父母是否陪伴他们，是否给予爱和认可。他们在意父母是否与他们互动，是否在日常生活中给予支持、力量和认同。

每件事情的价值都不是单一的，而是由许多不同的因素组成。这些价值会根据重要性被排序，我们会放弃一些较低重要性的价值，以保护那些更为重要的价值。在日常生活中，我们常常在各种价值观之间做出选择，这也反映了不同价值的优先级和关注度。

四、规条：事情的安排方式

规条，也叫"做法"，是事情的安排方式。规条的存在，是为了取得事情中所体现的价值和实现的信念。

我们正在做的事情就是做法。我们之所以选择特定的做法，是因为我们相信这样做可以获得特定的价值。所以，我们应该常常自问，采取的做法是否带来确实的价值。如果我们得到了期望的结果，就可以坚持这种做法；如果没有得到预期的价值，就需要改变做法。这就是"有效坚持，无效改变"的原则。

当规条无效时，我们可以保持信念和价值观不变，但需要改变具体的规条。假设我希望房间变得凉快一些，却把门窗紧闭，甚至点燃炉火。显然，这样的做法与我想要的效果不匹配，是不可能达到目的的。有效的做法是打开门窗，让房间通风，或者使用空调来降温。

坚持无效做法的人，最常见的理由是他们认为自己的做法是"正确的"。父母爱自己的孩子，这是毋庸置疑的。然而，一些对待孩子的方式却存在问题，比如：每次看见孩子不写作业，都是发火。为什么不尝试换一种方式呢？

坚持同一个做法，只会得到相同的结果。例如，我们希望得到老板的赏识，希望工作顺利、事事顺心。但在工作中，却喜欢与其他人争辩，不听老板的意见，也不想调整自己的行为模式，最终是不可能实现自己想要的身份和目标。

因此，当我们发现某种规条不再有效时，应该勇敢地进行调整和改变，以更好地服务于我们的信念和价值观，实现我们的目标和愿望。

　　信念系统是构成个体认知框架和行为模式的重要组成部分，是我们对世界、对自己的看法和解释，是塑造我们思维方式和决策行为的基础。如果希望个体实现积极变革和成长，改变信念系统是一个关键的起点。

　　通过建立正确的信念系统，可以逐步形成积极、健康的思维模式和行为习惯。改变信念系统不可能一蹴而就，需要不断自我反思、学习和积累经验，同时也需要持续努力和坚持。

05 能力：实现愿望的智慧

　　能力决定我们可以有哪些不同的选择，包括已经掌握和尚需掌握的能力。要实现愿望，首先要了解自己是否具备所需要的能力。这种自我评估可以帮助我们了解自己目前的能力水平，以及在追求目标时可能会面临的局限性；如果缺乏尚需掌握的能力，就要不断努力学习。人的潜力是无穷的，通过学习和经验的积累，我们可以不断提升自己。

　　我们需要跳出传统框架，拥抱创新思维，尝试未曾走过的道路，寻找全新的解决方案。最重要的是，要坚信自己的潜力和价值，相信自己拥有实现愿望的能力。

一、能力的独白

　　嗨！你好，我是"能力"。

　　面对事情时，我就像千手观音一样，拥有多样化的解决方案和应对策略。在一千个方法中，总有一只"手"可以实现我所期待的效果和成果；同时，我的一千只"手"能够协助"BVR"同时处理多个问题，从而达成"系统""身份"所期待的效果和未来。

能力，是无论如何都能实现自己愿望的本领而不是坚持某种无效的做法，反映一个人完成各种任务的可能性。拥有多样的选择，才能证明自己是有能力的。如果每次只有一种选择，只能算是一种行为，而不是真正的有能力。

如果我们的能力足够强，人生中的困难将不再是难题；如果我们的能力不足，人生中的困难将比比皆是。能力的强弱直接影响着我们在生活中的表现和应对困境的本领。

每个生命来到这个世界时，都不具备任何能力，特别是刚出生时，既不能站立，也不能行走，甚至连吃饭也不能够自理，需要父母无条件照顾，再培养我们站立、行走和奔跑等基本能力。当我们学会了这些与这个世界交流的最基本的能力，才可以上幼儿园。

从幼儿园到小学、中学、大学，再到工作，是一个能力提升的过程。即使是皇帝，在做小皇子的时候，依然需要陪读，需要培养他跟其他人相处和治理国家的能力。我们每个人都在不断积累自己的能力，每一天、每一件事情都是成长的机会。所以，只有具备足够的能力，我们才能有更多的选择。而拥有更多的选择，才能进一步增强我们的能力。

二、能力是灵活和自由的呈现

➤ 能力与选择性

能力是在一个情况里所拥有的选择性，即"怎么做"的问题，体现了人做事的灵活性。

我们一般说的"能力"，表面上是指技能，如：懂英文、会电脑等。

拿到驾照，只是获得驾驶的资格。真正的能力是可以在不同路况下安全地驾驶。不论路况良好还是恶劣，都能熟练应对。拥有能力，意味着在实现一个目标时，有多种方法可以选择，在不同条件下依然能够成功完成。

尽管我有十几年的授课经验，但是面对线上平台讲课的挑战，我依然没有信心，整整纠结了两年。当时我的信念是："我的优势是和学员面对面沟通，如果不是面对面，我做不到。"两年之后，通过减重训练营这个线上课，我终于发现自己在线上平台授课也可以达到同样的效果。在这个过程中，我发现自己的能力在提升，选择也在增加。

曾经，我坚信"个案咨询一定要在线下进行"。随着能力的增长，我的选择变得更加灵活。我开始尝试线上接个案咨询。如果我坚持放弃这个选择，当别的专业人士可以提供在线咨询时，资源也会转移到其他人身上。

所以，能力就是"到底怎么做，如何做"的问题，它呈现出来的是每个人做事的灵活度。如果一条路走不通了，可以选择下一条；下一条路又不顺利，还可以选择下下条路。只要不断增加选择，我们的能力就会不断提升，自信心也会随之增强。

能力的强弱直接影响着我们拥有的资源和自由程度。当我们拥有越强大的能力，我们就会有更多的选择，也更容易应对各种挑战。A 事情做不下去了，还有 B、C、D、F 可以选择，总会有一条出路。例如，为了达到减少车辆拥堵、快速通行的目的，很多高速路都普及了 ETC。如此，大量的收费员面临转岗。如果某个收费员把自己局限在一个选择上，未来将难以维持生计。

能力必须通过实际行动不断提升，而不是仅停留在想象的层面。当我们一次次取得成功时，信心也会随之增长。当再次面临类似的问题时，就会有个信念出现，这个信念就是："只要我愿意去试，这个事情就会有一个好的反馈。"

> 自由与选择

自由来自拥有多个选择，每一个选择都在自己实现效果（产生价值）的行为中。

当拥有足够能力时，我们会得到一种自由的感觉。选择越多，越自由。相反，如果没有选择，就是一种很无力、很被动的状态。所以，我们需要培养一个新的信念："是的，过去我没有选择，我只能这样做，但接下来，我可以有新的选择。"

每一个选择都是在实践中才能显现其效果。在人际交往中，如果我们和某个人沟通不顺畅，是否尝试过用对方接受或喜欢的方式去沟通呢？只要出现新的选择，自由度就出现了。

每一个选择都是一份能力。当我们增加了一个选择，就相当于增加了自己的一份能力，也增加了自己的自由。我们不要把自己锁死在一个选项里，要敢于尝试。

三、能力需要随着世界的变化而变化

世界在不断变化，我们所需要的能力也应随之变化。我们3岁时拥有的能力和30岁拥有的能力是不一样的。我们用20多年的时间不断提升和改变自己，所以能力也在不断变化中。

2000年，我大学毕业时，只要会打字，就能找到一份不错的工作。然而，现在的情况却截然不同，打字已经不再被看作什么特别的能力，因为几乎所有人都掌握了这项技能。有一次，我的孩子跟我说："妈妈，大人们的年龄比我们长很多，学到的东西肯定也比我们多，做事情当然比我们好。我们年纪还小，做的次数少，当然没有大人们做得好。"

据统计，在过去 18 年里，全国各大本科院校共新增 37 799 个专业，同时撤销了 1 496 个专业。2002 年，最热门的三个专业分别是国际经济和贸易、法学和电子商务；2019 年，人工智能、数据科学与大数据技术和智能制造工程成为最热门的三个专业，占所有新增专业的 17.8%。这说明，入学时热门的专业，等到四年后毕业时，就不一定仍是"金饭碗"。

小时候，我们常常被告知：只要读书好，就能找到一份好工作，就能升职加薪。当我们步入职场以后才发现，成绩优异并不代表一切，我们还需要具备沟通能力、情绪管理能力、目标管理能力、时间管理能力、谈判能力、项目管理能力等。只有提升了综合能力，才能为自己争取到更多资源和机会。

备受器重的优秀员工，身上往往都拥有其他人所不具备的独特能力，正是这些能力使得他们能够脱颖而出，获得更好的资源和机遇。如果我们的能力不足，就有可能被淘汰；如果一个企业里所有员工的能力都不足，这个企业也面临被市场淘汰的危险。

每一年，我都会盘点自己的变化。庆幸的是，我一直都在成长中。微信出来的时候，我就去研究社群运营；直播平台出来的时候，我就去研究线上课程；短视频火热的时候，我就去研究视频号。为了更好地支持培训，我不断地调整和吸收新的方式、方法和技巧。虽然不能在每个领域中都拔尖儿，但是能了解每个领域在发生什么，以及自己可以拥有的应对方式。

我们跟父母的沟通不太需要什么能力，只要开口要，父母基本都会无条件满足。可是，当我们成家立业之后，与配偶、孩子沟通的时候，就会遇到困难。我们必须要增加新的能力才能经营好自己的家庭，维系好婚姻关系。能力永远没有尽头。就算活到 80 岁或是更长，我们的能力也要跟着世界一起变化。

四、能力和信念息息相关

首先要回到自己的身上，找到自己想要的价值。先选择信念，再选择能力。

选择信念，就是要做一个选择题。一个选项是"有可能"，另一个选项是"不可能"。如果觉得有可能幸福，你就能找到很多种方法去实现幸福，而不依赖他人。

如果我们觉得事情不可能实现，解决问题的所有方法都不会出现在我们的脑海中。真正能够经营好自己人生的人，是因为他们相信总会有选择。无论伴侣是否在身边，他们都能找到幸福的方式。他们学会了管理自己的情绪。

如果要改变信念，特别是那些限制性信念，需要很长时间。就像在过去的 20 年里，我种了一棵"我不可能过得更好"的树，现在我想让自己相信能过得更好，要松动原来的信念，就要拔掉这棵树，需要每天摇一摇，最终才有可能拔掉它。

能力，就像扇子一样，需要有很多扇骨来支撑纸张，才能扇出风来。扇骨就像是方法，都是为自己所需要的价值服务的。拿到那个价值，方法可以有很多种。

独木难成林，单支难成扇。想要拥有能力，就必须像扇子一样，拥有多种方法到达目的地。如果只有一个方法，叫没选择；如果只有两条路，叫左右为难；只有当第三条路、第四条路、第五条路出现的时候，选择越来越多的时候，才能够拥有更多的资源和可能性。

实现自己幸福快乐的价值，可以有很多条路。当一条路不通的时候，可以换一条。我们需要持续摒弃限制性的信念，努力学习和尝试不同的方法，才能拥有更多的选择。

五、提升能力的三大绝招

能力是实现愿望的基石和桥梁，只有不断提升能力，我们才能更好地实现自己的愿望。能力的提升扩大了我们的能力边界，让我们有更多选择和机会去追求不同的愿望。

以下三大绝招，可以帮助我们更好地提升自己的能力。

➢ 第一：积极尝试

所有的事情都是在实践的过程中实现的。如果你对现在的生活状态不满意，只有一个原因，就是试得太少了。勇于去尝试，如果方法有效就坚持下去，如果无效就立即调整。不少人从未尝试过新的方法，或者一直固执于无效的方式。

有个朋友的孩子成绩不是特别理想，于是让孩子多做练习。但孩子不想多练习，本来 70 多分，后来考试只有 60 多分。这说明做法无效。这时，我们就要考虑是否还有别的方式能让孩子学习成绩提升。

➢ 第二：种什么种子收什么瓜

如果想改善亲子关系，仅参加一些课程而不去真切地付诸行动，是不会有改善的。同样，在职场上，如果一个销售只是疯狂学习各种销售课程，却不愿意与客户见面，那么销售能力也很难得到提升。

实际行动才是关键。我们需要在相应的系统中付出行动，才能获得该系统所带来的价值和能力。如果我们在一个系统中做事，却期望在另一个系统中看到改变，这样的期待是不现实的。

所以，我们应该关注自己的行为，了解自己是在哪个系统中，并为之付出努力。如果发现方向不对，就需要立即进行调整。

➤ 第三：没有失败，只有反馈

很多人不敢尝试新事物，是因为害怕失败。事实上，不论事情的结果如何，只要我们勇敢地尝试了，所得到的都是宝贵的反馈信息，而不是真正的失败。只有当我们选择放弃尝试时，才算是真正的失败。

例如，我今天见了个客户，谈了很久却没有成交。这个结果说明，我这次见客户的方法不是客户最愿意接受的，或者提供的产品不符合客户的需求。这仅仅是一种反馈，而不代表这个客户永远不会购买产品。我们要做的是，收到每一次的反馈后，从中吸取教训，调整自己的方法和策略。

当爱迪生发明了电灯以后，有记者想采访他。他把记者带到一个小房间里，房间里有非常多乱七八糟的东西，记者问他那些都是什么。

爱迪生说："这些是我做过的实验。我测试很多东西，看它们能不能用。我大概做了 999 次的实验，测试哪些东西是可以用来做电灯泡的。"

记者接着问："哦，原来这个房间里放的就是你失败的结果。"

爱迪生回应说："不是，是我证明了这些东西都不能用来做电灯泡。"

如果在尝试的过程中，我们成功地实现了自己想要的结果，这就证明我们采用的方法是正确的。如果我们发现采用的方法无效，那就需要不断尝试不同的方式。有时候，我们可能需要尝试多次，可能是 10 次、20 次，甚至可能像爱迪生那样尝试了 999 次，才能找到有效的方法。

每次尝试都是在探索中迈出的一步，都是在找出正确的方向和有效的方法。在前进的过程中，每一次尝试都可以看作试错，而不是失败。就像学习走路一样，我们迈出的第一步肯定不是最好、最完美的，只有通过不断尝试，不断迈开腿，才能真正学会走路，乃至学会奔跑。

所以，当面临问题时，我们应该寻找多种解决办法。能力的核心在于改变的动力、灵活性以及选择不同方法的能力。只有不断地尝试和探索，才能拓展自己的能力边界，发现更多的可能性，并最终找到适合我们的解决方案。

小结

在生活的舞台上，能力是我们行走的翅膀，是实现愿望的智慧。它决定了我们可以有哪些选择，包括已经掌握和尚需掌握的能力。能力不是一成不变的，需要随着世界的变化而不断演进。只有不断尝试和实践，我们才能拓展自己的能力边界，收获丰硕的成果。要相信"没有失败，只有反馈"，从每一次尝试中汲取经验，不断调整和改进自己的方法。

能力的提升不是一蹴而就的，它需要时间和努力的积累。通过不断学习和实践，我们可以获得更多选择和机会，从而实现更多的愿望。

06 行为：呈现真实的互动

行为，指我们现在或过去在环境中"做"的过程，是具体的行为和动作，以及在特定环境中所展示的行为方式。我们的行为是我们与世界和他人互动的方式，它对于个人成长和人际关系的发展至关重要。

一、行为的独白

嗨！你好，我是"行为"。

我就像个机器人一样，必须听从指令才能做出相应的反应。有些指令是十分明确的，有些指令是比较模糊或者是习惯性的。发送指令的人，是逻辑层次的二哥"BVR"。我无法决定要不要"做"，也无法判断有效或者无效，但我却要承担行为所造成的一切后果。

"做"是个动词，包括语言、肢体动作、表情和眼神等。因为，做了"什么"，可以让自己的状态更好，让对方感觉更好，让彼此的关系变得更好；也可能因为做了"什么"，让自己越来越痛苦，让对方越来越讨厌自己，让彼此之间的关系变得更差。

如果想成为同事和领导都很喜欢的人，我们应该怎么做呢？在日常工作中，是主动向同事提供帮助或分享你的专业知识，还是事不关己高高挂起呢？在团队会议中，是积极提出建设性的意见和建议，还是否定同事而且拒绝配合呢？跟同事沟通时，是倾听他人的观点和意见，还是喜欢打断对方或批评对方呢？面对团队成员的不同文化背景、观点和工作风格，是尊重并欣赏还是带有偏颇？

如果我们心里想要达成某个愿望，但在行为上却呈现出来相反的一面，哪个才是真实的自己？行为上呈现出来的那一面才是真实的自己，因为想象出来的，不过是"以为"而已。如果身心分离，自己就会纠结痛苦。

我们需要刻意练习，让自己的行为变成能力。当我们遇到不喜欢的同事，也依然能和他很好相处，而且不影响团队绩效，这就是能力。

我常常听学员说想要幸福，想获得成功。但是，光"想"是永远不会有结果的，只有付诸行动，才能看到真正的结果和变化。想千遍，说万遍，不如自己做一遍。真正决定我们身份的是我们的行为。

二、行为是客观的阐述

行为是客观的阐述，是"事实"，是"做"，是能力的真正呈现，更为真实地表达了自己到底在想什么。我们可以通过以下的行为来获得与事实相关的信息。

➢ 身体：距离远近

当我们喜欢一个人时，身体会不自觉地靠近；相反，就会远离。说很爱自己的孩子，却不愿意让孩子靠近，也没有拥抱等亲密行为，不利于亲子关系的发展。

➢ 眼睛：注视，或不看

眼睛是非常重要的行为表现。当我们看向对方的时候，有平视、俯视、仰视和侧视等几种类型。

平视：意味着两个人是平等的状态，彼此都能坦诚地面对对方，有助于建立良好的沟通和合作。

俯视：意味着对方在某些方面不如自己，可能带有一定的优越感。如果我们以俯视的眼神看待自己的伴侣或者父母，在某种程度上，潜意识里认为自己更出色。这种态度可能会给对方带来负面的感受。

仰视：意味着对方在某些方面拥有更多资源或更大的力量。当我们以仰视的眼神看待专家时，表达了对对方的尊重和认同，彼此的关系会更加融洽，也将增进彼此之间的理解和信任。

侧视：就是用眼角去看人，意味着不愿意正视对方，不想见但又不得已要相见。这种眼神传递了对对方的藐视和鄙视的态度，是一种冷漠和不尊重的表现。这种态度可能导致沟通障碍和情感疏离。

你愿意看看镜子里自己的眼睛吗？如果愿意，可以经常做做这个照镜子的眼神练习。这是一个连接和接纳自己的非常重要的练习。通过注视自己的眼睛，我们可以更好地与自己建立连接，理解自己的内心感受和需求。

➢ 头部：正面，还是侧面

我们的头部和对方的头部，是正面相对还是侧向一方，传递着不同的身体语言信息，能反映出我们内心的情感和意图。

在与他人交流时，如果我们的头部经常偏向右肩，这是在暗示自己，在面对这个人或者做这件事情时需要更多的力量和自信；而如果我们的头部经常偏向左方，显示更加愿意与对方去连接和倾听。

所以，与人交谈时，我们还可以关注对方的头部姿态，从中获取更多的信息。当我们希望了解对方更多一点或者表达更多的亲切感时，可以尝试将头偏向左方，表现出我们愿意倾听和接纳对方，有助于创造更加亲密和融洽的交流氛围。

> 面部表情：紧张或放松

面部表情中，嘴角是最重要的表征之一。通常情况下，嘴角上扬，是一种放松的状态；嘴角下垂，则是一种沉重和压力的状态。在日常生活中，我们常常让自己张大嘴巴说话或唱歌，甚至大声喊叫，都是在调整内心的情绪状态。

如果一个人很少有嘴角上扬的表情，说明他内心长期处于纠结、无力，甚至愤怒的状态；如果一个人的嘴角时时上扬，可能长期处于兴奋状态，很少感到纠结。

所以，在面对他人时，我们可以通过关注他们的嘴角来感知他们的情绪状态。当我们看到自己喜欢的人，并希望对方更多地接受我们时，也可以留意对方的嘴角是上扬还是下垂，从中获取更多情感线索。

除了嘴角，我们还可以关注脸颊两侧，特别是牙关的状态。大多数人在正常情况下，脸颊神经都处于紧张状态，牙关也较为紧咬。所以，我们在做呼吸放松的时候，都会刻意提醒：关注脸颊，让自己的脸颊慢慢放松下来，同时也放松牙齿。

通过观察和练习，我们可以更加敏锐地察觉自己和他人的情绪状态，并通过调整面部表情来影响和管理自己的情绪。

> 手：活动空间

手臂活动的空间也影响一个人的身心状态，特别是肘部。手臂的活动空间包括身体的上、中、下、前和后的位置。

当我们与一个人交谈时，他的手臂长期无力下垂，也很少有肢体动作，表明他的内心承受着许多情绪上的压力。相反，一个自信的人，通常会展现更多的手部动作。如果一个人愿意敞开心扉，他的手部动作很可能集中在肩膀甚至肩膀以上。

手部的姿态也能反映自我身份的认定。前交握，意味着认为自己比对方职位低，更倾向于倾听和执行对方的指示；后交握，意味着认为自己职位高于对方，更倾向于掌控和发号施令。

除了姿态，手部动作还可以传达情感，尤其是爱的表达。当我们爱一个人时，我们愿意用手去触碰对方的脸颊、头发、耳朵、手臂，甚至手掌等。

> **脚，最为真实的肢体动作**

有时候，我们开玩笑说用脚来投票。的确，脚可以传递出许多信息。当我们接受一个人时，我们的脚会向他走近，或者脚尖朝向他；而当我们不愿意接受某人时，我们的脚则倾向于远离他。当我们想远离现场的时候，脚尖会朝向门口的方向。

脚的姿态能够反映出我们与他人的关系。当两个人的关系比较亲近时，双脚会靠得很近，甚至纠缠在一起，象征着亲密和情感的连接。随着年龄的增长，孩子的脚往往会向外走，寻求自己的独立和发展。

脚的动作往往是无意识的，它们展现出我们内心真实的情感和想法，我们可能控制其他肢体动作或面部表情，脚却很难被掩饰。

三、行为是一切的真相

不同的人，行为表现也会有所不同。当面对问题的时候，有人选择"做"，有人选择"不做"。在做或者不做的过程中，体现的是每个人的内在信念和价值观，以及自我身份认知所处的位置。

语言的输出也是一个行为，是非常重要的能力。诸如"我想""我希望""我要""我愿意"等词汇，是自己培养出来的行为能力，是与这个世界互动的方式。这些行为表现仅停留在大脑，没有体现在手脚、眼神和肢体动作上，是空想，是等待，而没有实际行动。

面对"不懂""不会"的问题，不同的人会有不同的反应。有些人会主动去学习，并且努力去尝试掌握它；有些人则放弃学习，不愿意去尝试。比如要学会开车，掌握开车的技能，就必须亲自摸方向盘、踩油门、踩刹车，将车开上马路，而不仅仅停留在思想层面的"想"。如果手脚都不靠近汽车，也不去尝试，是学不会的。这个过程中，只是呈现"想"的能力。

"不懂""不会"不应该成为"不做（行为）"的借口，而应该成为"尝试（行为）"的理由。只有通过积极尝试，我们才能获得经验，才能掌握新的知识和技能。

一个人的能力、信念价值观以及身份的形成，都体现在如何将自己的想法付诸实际行动。如果想拥有幸福的生活，想成为一名导师或希望改善与伴侣的关系，就需要觉察自己每天在做什么。

因此，学会从"想"转化为"做"，从"不懂""不会"转向积极尝试，是每个人自我成长和发展的重要一步。

小结

在生活的舞台上，行动是我们展现真实自我的方式。无论面对何种挑战或困境，只有通过积极尝试和实践，我们才能获得真正的成长和进步。每一次的行动都是一个奇妙的旅程，让我们收获新的知识、收集宝贵的经验，从而不断完善自我，塑造自己的身份和提升自己的能力。

07 环境：为我所用的资源

环境，是指我们所处的具体环境和外部情境，包括物理环境、社会环境和文化环境。"拥有的"，是条件、更是人生的福气和资源。拥有健康的身体，就是我们的条件、福气和资源。"没有什么"往往是障碍，是我们去学习和改变的方向，更是人生的挑战。假设我现在拥有 1 万元，但我渴望拥有 3 万元，"没有的" 2 万元就是一道阻碍。要想实现目标，我们必须努力学习，不断提升自己的能力，并善用周围的资源。所以，当环境成为我们生活中需要去连接的资源后，便成为我们系统中的一部分。

一、环境的独白

嗨！你好，我是"系统"。你从来都没有看见我，但我一直在你身边。有时候，我会给你助力，有时候也会让你很为难。如果你能够了解我的存在，了解我在你的生活中是如何与你互动，你的生活会更加轻松愉快。

说以上这段话的就是我的双胞胎哥哥——"系统"。一般人很难区分我们，因为我们长得太像了。现在，我来告诉大家如何辨别我们这对孪生兄弟。

在物理空间上，当一个人存在于特定的空间时，"我"（环境）就是他的系统；当一个人离开这个空间，没有了存在和连接以后，我对他而言，只是普通的"环境"。

在心灵空间上，当一个人想到或者接受"我"（某个特定环境）的时候，我就是他的系统。"少小离家老大回"，说的就是，即使身体不存于"家乡"这个物理空间，但心灵一直存在于"家乡"的系统中。

系统、身份和信念，都存在于身体内部；行为和能力，也源于我们身体内部。只有环境是存在我们身体外部，是人体外部最为客观的存在，不以人的意志为转移。如果能为我们所用，就是资源；如果不为我们所用，它就是一个存在而已。

环境包括时间、地点、人、事、物。如果一个人表示很愉悦，但没有提到时间、地点、人物，大概率只是他大脑里自己演绎出来的一个故事或者一种感受。如果一个人表达了对成功的渴望，我们应该进一步追问细节，促使他的大脑将所期望的成功环境描述出来：什么时候？在哪里？还有谁一起参与？做了什么事情？

正如一句名言所说："每个人去不到你大脑里没有的地方。"

二、环境是客观的存在

我们如何应对环境取决于个人能力、信念和价值观。相同的环境，不同的人，处理方式也会有所不同。一个人的能力和行为会影响他与周围环境的互动。

同样的厨房，同样的锅碗瓢盆，对于不会做饭的我来说，只能随便应付。但是，换作我妈妈，她就可以做出非常美味的饭菜来。当我们的能力不足以应对外界环境时，外界的环境就会变成问题来困扰我们。当环境出现状况时，就会和我们个人内在的知识系统、能力系统以及信念系统进行碰撞。

如果我们拥有足够的能力，时间、地点、工具、方法、人物等环境因素都能成为资源为我们所用。如果能力不足，大脑的思维网络不够，身份定位不清晰，或者系统的接纳度不够，当环境出现状况时，我们就没有办法应对。

有这样一个小故事：

有两个儿子的妈妈，每天都是愁眉苦脸。有一次，邻居问她："你为什么总是愁眉苦脸，下雨愁眉苦脸，天晴也愁眉苦脸?"

这个老妈妈就说："你不知道，我真的很苦恼，我大儿子是卖雨伞的，天气好的时候，他的生意就不好。我的小儿子是卖遮阳帽的，当下雨的时候，他的帽子就卖不出去了。所以，我真的很苦恼。"

邻居劝她说："很简单。下雨的时候，你就想，太棒了，大儿子可以多卖点伞；天晴的时候，你就想，太好了，小儿子可以多卖点遮阳帽了。"

所以，只要转换一下内在的信念系统，外界的环境就可以为你所用。最好的方法就是跟这个世界融为一体，世界需要什么，就卖什么。天气好的时候，就卖遮阳帽、防晒霜；天气不好的时候，就卖雨衣、雨伞。

真正能与环境和谐相处的人，就是能够随着环境的变化而调整自己的人。有一句非常火的广告词："人民需要什么，五菱就生产什么。"

三、环境是恒变的

环境持续在改变。30 年前的环境和现在的环境截然不同，现在的环境和 30 年后的环境也会大不相同。如果我们还用 30 年前的行为和能力来应对现在的环境，必然会遇到很多问题。

很多亲子问题，往往源于父母仍在使用适用于儿童时期的资源。当孩子还是儿童时，妈妈为他做饭，可能被认为是一个贴心的好妈妈。然而，30 年后，孩子长大了，情况就变了。

如果我们不愿意改变，就会觉得"全世界都在跟我们作对"；如果能与环境和谐相处，我们就会感觉到"世界都属于自己"。所以，我们应该顺势而为，关注周围正在发生的事情。

所谓"天时地利"，就是借助环境中发生的事情去做一些改变。在每一次环境的变化中，那些感觉寸步难行的人，是因为变化太慢了，跟不上时代的节奏。比如，ETC 出现以后，过收费站不再需要排队。如果你依然不愿意安装 ETC，就需要增加很多排队等待的时间。"人和"是指内在的系统、身份和信念系统，达到天时、地利、人和。

环境和系统只是一线之隔。那"一线"是什么？就是看环境是否与我们有连接。有连接，就是系统；如果没有连接，就是客观存在的环境。

环境中的资源，如果我们需要并与之产生联系，同时又持续改变，那么环境就会成为我们的系统，为我们所利用；如果我们拒绝建立连接，拒绝改变，环境就会成为我们生活中的阻力。这种阻力源于内心的拒绝，因此我们应该顺势而为。

小结

在不断变化的环境中，我们发现环境与个体之间的互动与连接至关重要。只有转换内在的信念系统，灵活应对外界环境，我们才能更好地融入这个多变的世界。

因此，我们应该秉持顺势而为的心态，善于与环境融为一体，不断提升自己的能力和适应性，在这个多姿多彩的环境中，更好地实现个人价值，并与世界相互交融。

08 个人和团队成长的逻辑层次

《西游记》作为四大名著之一，不仅是文学的瑰宝，电视剧也成为陪伴我们成长的经典。在故事中，师徒四人在进入团队之前和之后，都经历了不同程度的成长，展现了个人和团队发展的逻辑层次。

一、个体系统的呈现

孙悟空是很多人儿时的偶像。我们结合逻辑层次和时间线，来深入探讨孙悟空的成长历程。

孙悟空从灵石里蹦出来时，身体被黄毛覆盖，眼睛明亮有神，耳朵尖而灵敏，腿脚灵活，拥有与人相似的思维和情感。此时，他的身份是一只普通的猴子，只想做一只自由自在的猴子。后来，在花果山这个环境中，他因为带领猴群进入水帘洞，得到另外一个身份——花果山水帘洞美猴王。这个身份是怎么得到的？是因为他的能力。当猴子们发现了瀑布，大家约定，谁能进得去又出得来，就拜谁为猴王。结果，他成功了。他的信念和价值观是成为猴王。

孙悟空撑着木筏漂洋过海去找菩提老祖学艺，源于他目睹老猴子们的死去，认识到自己没有超越生死的自由，他需要学习让自己能够长生不老的技能。在这个过程中，他的信念开始发生变化，从做自由自在活在世间的猴子，到做一个长生不老的猴子。在菩提老祖处学艺期间，孙悟空的信念就是"好好学习、天天长生"，把长生不老的技能学会。当菩提老祖问他要学什么道术时，他只关心："可得长生吗?"最后，菩提老祖教会他七十二变，获得了非常强大的能力。

当孙悟空拥有七十二变的能力后，开始期待拥有更多能力，成为天地间最厉害的"人物"，在所有系统中都"唯我独尊"。因此，他给自己重新定义了一个身份"齐天大圣"。虽然能力变强了，但他做了什么事呢？去龙宫要金箍棒、去地府修改生死簿、在蟠桃园偷吃蟠桃和偷吃太上老君的仙丹。此时的他，缺乏了谦卑和尊重，虽然能力很强，但是不知道系统的规则，所以，他所做的每件事都让他离自己想要的身份"齐天大圣"越来越远。最后，得到的结果是，玉帝请来了如来把他压在五行山下 500 年。自由没了，齐天大圣也做不了了。孙悟空没有觉察自己的行为和能力远离了信念和价值观，最后和这个系统越走越远。

唐僧俗家姓陈，是陈光蕊和殷温娇的儿子。为了避免儿子被加害，殷温娇写下血书，把唐僧绑在木板上顺江流下，后被金山寺长老法明所救。幼年的唐僧，是一名小沙弥，心怀慈悲。有一次外出砍柴，遇见一个渔夫手提一条鲤鱼，请求渔夫用自己砍下的一捆柴来交换鲤鱼，然后再把鲤鱼放生。

唐僧长到十八岁时，在金山寺出家，取法名玄奘，后被唐太宗选中主持"水陆大会"。得知大乘佛法"能超亡者升天，能度难人脱苦"时，他愿意前往西天灵山大雷音寺取经，以祈保大唐江山永固。此时，唐僧的身份是大唐的使者，他的信念是破除万难取得真经。

猪八戒原是统领天河水军的天蓬元帅，因为喝醉酒调戏了嫦娥仙子，被玉皇大帝打入凡间轮回，却错投了猪胎。唐僧西去取经路过高老庄，猪八戒被孙悟空收服，拜唐僧为师。此时，他的身份是唐僧的二徒弟，但是，他总觉得自己的身份要比孙悟空高，总笑话孙悟空是个弼马温。猪八戒的信念是要取代孙悟空。

沙僧本是灵霄宝殿上侍奉玉帝的卷帘大将，只因在蟠桃会上失手打碎了琉璃盏，被贬下流沙河做了妖怪。经观音菩萨点化后，皈依佛门。唐僧取经至流沙河时，收服其为三徒弟，在团队中主要负责看管行李。他勤劳认真，不畏艰苦，保守而温厚。

二、团队系统的呈现和发展

《西游记》不仅讲一个人的系统，更重要的是讲述师徒几人组合起来的大系统。在这个系统中，每一个人的思维模式的变化影响了整个系统的变化。特别是在三打白骨精的过程中，除了沙僧外，唐僧、孙悟空和猪八戒都发生了转变。

白骨精想要长生不老，然而，她的身份是妖精。听说吃了唐僧肉可以长生不老，于是就想去抓唐僧。她的信念是：孙悟空是个麻烦，如果没有孙悟空，就肯定能吃到唐僧肉。所以，她想尽办法要让唐僧把孙悟空赶走。白骨精的能力是什么？就是变化多端，用各种方式去离间唐僧和孙悟空之间的感情。

唐僧的人生意义是：再苦再难也要去西天取得真经。他的身份是一个慈悲善良的修佛人，所以他的信念是不可杀生。当孙悟空先后打死了由白骨精变幻成的村姑、妇人和老翁后，唐僧以为孙悟空滥杀无辜，违反戒律，于是写下贬书，将孙悟空赶回了花果山。这就是唐僧的行为和能力。在这个环境中，他中了白骨精的离间计。

在碗子山，唐僧落入黄袍怪中手上，猪八戒和沙僧都不是对手，只好前往花果山找回孙悟空，最后打败黄袍怪救出了唐僧。他的信念终于做出了改变。以前一直认为孙悟空是妖，杀心太重，很难驯化。后来他意识到自己错怪了孙悟空，也意识到自己视野上的局限性——用善良是无法感化妖怪的，有时候也需要用手段。否则，一味愚善只会伤害自己，还把孙悟空赶走。后来，他念紧箍咒的次数也减少，知道了这样不利于团队管理。

孙悟空加入团队的前期，保护唐僧去西天的意义是要报答师父的救命之恩，后来是为了取掉头上的紧箍咒，而并不是想修佛成仙。所以他认为自己的身份还是齐天大圣。在"齐天大圣"的身份上，他的信念是有妖必除。因为这个动力，每当见到妖怪时，他都是一棒把妖怪打死。经过三打白骨精以后，孙悟空也转变了自己的信念，当妖怪出现时，比如银角大王、金角大王、红孩儿等，他开始用智慧和 72 变的能力来取胜，甚至搬出神仙来收妖。

后来，猪八戒也终于接受了孙悟空，认可了他"大师兄"的身份。因为他用尽了力气让师傅把孙悟空给赶走后，以为可以当上大师兄了，上任后却无法战胜黄袍怪，只好去花果山把孙悟空再请回来。这也说明猪八戒有一个"能屈能伸"的能力，他也意识到自己的身份要从天蓬元帅转变为二师兄。

沙僧并没有什么变化，因为他从头到尾都是干苦力活，他的身份里没有自己。师傅怎么说，他就怎么做。师傅不在，还有大师兄、二师兄在，反正就是没有自己。

当唐僧终于可以功成名就的时候，观音菩萨发现唐僧经历了八十难还差一难，不符合佛门中"九九归真"的寓意，于是又让唐僧等从天上掉了下来，摔在通天河畔。所以，三个徒弟都是陪同唐僧受难而已。

师徒四人的角色没有对错，只是在不同的环境中，他们的选择所表现出的行为都有一定的效果。

👥 小结

在故事中，师徒四人在进入团队之前和之后，都经历了不同程度的成长。

在个体成长阶段，每个人都经历了一段个人成长的时期。孙悟空、猪八戒和沙僧各自面对了不同的挑战和困难，通过战胜困难，锤炼了自己的能力和意志。

在团队形成阶段，当孙悟空、猪八戒和沙僧进入唐僧团队后，由于个性差异和相互之间的摩擦而经历了一些困难。然而，通过相互合作和协调，他们逐渐建立了信任和默契，并明确了共同目标——西天取经。他们开始更加紧密地合作，克服各种困难和挑战，实现共同的使命。

通过《西游记》中师徒四人的成长经历，我们可以看到个人和团队成长的逻辑层次。这个逻辑层次也为现实中的个人和团队成长提供了启示。

第二章

02

关系智慧：
良好关系和协作之道

在现代社会，人际关系的重要性愈发凸显，是事半功倍的关键。

　　如何处理好关系，是一种智慧。通过与企业、上级、客户和在跨部门间建立良好的关系，不仅可以实现自身的成长和发展，还可以在协作中共同创造更大的价值，实现共赢的局面。

01 与企业的关系：实现三赢的平台

常常有学员向我咨询，想要离职或者转换到其他行业或企业，但是又不太确定，该怎么办？在做决定之前，我通常会让他们先理清个体和企业的关系。

接下来，我们来谈谈三大动力在企业系统是如何运作的。三大动力分别是：整体、次序和平衡。

整体：是指系统中所有人都应被看见和尊重。这不仅包括当前在职工作的人，也包括曾经为这个系统工作过的人，以及内部客户和外部客户。正是他们的贡献和经历才能塑造现在的企业系统。

次序：是指以时间线作为衡量标准，谁先出现，或谁作出贡献，后来者都应该给予尊重，并承认他们在构建系统或组织过程中的作用，使得所有人都有机会被看见和尊重。

平衡：是指系统中付出与收取之间的平衡，包括个体与系统之间的平衡，以及不同系统之间的平衡。对于个体而言，就是获得的报酬与其实际创造的价值的平衡。如果这种平衡被打破，可能会引发不满或不公平感。例如，如果一个人获得的报酬很高，但实际创造的价值很少，那么系统中的其他人可能会感到不平衡。相反，如果一个人的报酬低于他实际创造的价值，他和系统其他人都可能会因感到不公平而选择离开这个系统。

通过认识整体、次序和平衡三大动力对于企业的重要性，大家可以更明智地做出决定，同时也更加理解在组织中建立积极和稳定的工作关系的重要性。

一、了解和尊重企业的系统

不管是大企业还是小企业，每个企业里都有一套规则。文字写出来的是我们看得见的管理规则，还存在相互沟通交流和处理事情的规则。

在整个社会环境中，企业就像一个个小系统。这个系统是比我们所有的个体都要大的。即使是一个人的小企业，也比个体系统要大。所以，个体与企业的关系，就是个体与系统的关系，或者是与一群人的关系。

与企业的关系

在我们还没有了解这个系统的运作规则之前，首先要做的就是去适应它。例如，我想留学国外，需要先了解当地的语言习惯、生活习惯和法律制度等。还要问问自己，为什么要去留学，是什么价值吸引我放弃现在的资源去另外一个系统。

一家企业的成立，通常会有一个发起者，也有创始人、合作者、股东，他们都是创造这个系统的人。所以，在进入这个系统之前，我们首先要了解是谁创立了这家企业，创立这家企业的初衷是什么。当我们作为新员工去了解这些的时候，更容易跟这个系统融合。

从时间线的角度来说，曾经在这家企业出现过的人都为这家企业付出过、创造过、奉献过，才能让这家企业存活至今。所以，所有曾在这家企业工作过的人都必须被看见、被尊重。

如果你应聘的是副总或者其他管理岗位，面对一个员工时，如果觉得自己的位置比他高而藐视或者看不起他，这将会影响你在这个系统中的生存和发展。

二、个体和系统的关系

人的一生中，可能会遇到很多不同的企业。大学毕业时，我们和第一家企业可能只走一段，当我们在这个系统中完成使命后，就会去寻找其他系统继续前行。所以，对于企业来说，员工并不一定会一辈子留下来。

把一家企业比喻成一艘大船，如果我想到这艘船上，是因为这艘船要去的方向正好是我未来想去的方向，就是我的职业方向和目标。至少，在这艘船上，我是比较安全的，能维持自己的生活，并且这艘船能够带我继续前进。

随着时代的发展，企业和员工都会不断发展和前进。如果企业和员工的步伐不一致，就会出现两种可能：一种是，企业发展比较慢，员工发展比较快，或者企业要去的方向不是员工想去的方向，这时，员工就有可能下船，去寻找更匹配自己职业发展的另一艘船；另一种是，企业发展比较快，员工发展比较慢，最终结果是员工被转岗离职。尽管这种情况看起来可能不太令人愉快，但对员工来说，也许是一次重新选择的机会。

员工和企业的关系核心在于企业的发展方向与个体的发展方向是否一致。如果企业向东发展，而员工向西发展，必然会分道扬镳。

在选择企业的时候，除了要考虑这家企业能否给我们想要的人生和未来，还要考虑自己的信念价值观是否与企业的信念价值观相匹配。如果相互匹配，我们就能够适应这家企业，并且在其中生存较为轻松。如果不匹配，我们可能会感到不适应，无法在其中生存。

三、个体和系统的能力匹配

在企业这个系统里，个体的能力也要匹配企业的需求。个体的能力再强，如果不是企业所需要的，也很难在企业中生存和发展。例如，如果我非常擅长烹饪，但企业需要的是会唱歌的员工，那么我的能力就不相匹配。

处理好人际关系，在企业中也极为重要。如果这个团队更注重团队氛围，即使员工的专业技能非常强，但因为不尊重其他同事，无法与其他人相处，也很难长期在这个团队发展。企业需要员工做的不仅是本职工作，还包括要能和同事、上下级、客户进行良好的沟通，这些行为能够帮助一个员工在系统中生存下去。

企业需要的是能为企业解决问题的员工。如果一个员工不能帮企业解决问题，那他也不是企业需要的人。这个时候，会有其他人进入这个系统并完成任务。所以，我们每一个人需要在系统中做好系统赋予的角色和任务。

如果你进入一个非常好的系统，它为你提供了一个能充分发挥能力的空间，让你展现在其他系统中难以被发现的才能，那么表面上看起来的困难甚至几乎不可能完成的任务，都会因为这样的机会而成为你成长的催化剂。

我经常会去甲方讲课，相比于其他系统，我觉得给银行、学校或者医院授课是不容易完成的挑战。因为每次去这些系统培训，我都需要做很多准备工作。然而，正是这样的挑战和困难，让我有机会去体验，也让我的能力得以不断提升。

有句话说："对于我们来说，有些问题的确很难，但是，对于其他人来说，可能他们此生都没有机会遇到这样的难题。"

所以，当遇到难题的时候，我们应该感觉庆幸，因为这可能是机会来了。无论最终成功与否，最重要的是我们在挑战中积累了宝贵的经验。积累了足够多的能力以后，也许我们会离开这艘船，去寻找更适合自己的船，继续我们的成长之旅。

我第一份工作所在的企业最大的工作特点是以任务为核心，没有过多的人际关系上的压力，只要个人能力足够胜任即可。在这样的环境中，我的能力得到了快速提升。随着我学到的东西逐渐饱和，我意识到需要一个更大的平台，于是我选择了换一家企业。

第二家是民营企业。在这家企业里，我充分体会到了人际关系的重要性，并面临人生中第一次跟人沟通的挑战。这让我学会要在一家企业存活下去，必须了解这个系统的规则。如果不了解系统规则，即使个人能力再强，工作必然会变得很辛苦。当我能够与这些规则良好互动时，工作变得更加容易。后来，我意识到自己的价值观与企业的文化不太匹配，于是，我选择了第三家企业。

第三家是外资企业，既注重员工的能力，也强调人际关系。在这样的企业，个体需要入乡随俗，融入企业文化中，了解大家的衣着、语言和社交习惯，以及共事者的价值观。例如，写邮件的时候需要用英文模式；会议有着特定的规定，但会后，也可以像朋友一样交流。在这里，我感受到了同事之间如朋友般的和谐相处，也感受到了工作职责明晰且严格的工作环境。

最后一家是国企，一个很大的平台，员工超过 8 000 人。与不同人互动的过程中，我发现所获得的价值和能力也是不同的。因此，我在这里也学到了很多新技能。

所以，个体与企业关系的核心在于能否在企业这个系统中共同进步，并在这个系统中获取价值和学习经验，而不只是等待工作时间过去。如果我们每天都能愉快地工作，每天都能回顾自己的收获，知道未来的目标和计划，那么这家企业就是值得留下的。

只要我们还在系统里，还在一艘船上，不管市场如何波动，这艘船上所有人都是会有收入的，只不过收入有差异而已。如果我们要创业，就意味着要离开现有的系统，从船上下来了，自己面对大海上的风浪和挑战，甚至面对覆没的风险。

所以，创业之前必须认真考虑自己的风险承受能力。所谓的风险承受能力是指如果没有固定收入，还能生活多久；同时，还要考虑的是，自己赖以生存的挣钱能力是什么。只有把这种赖以生存的挣钱能力发挥到极致，才有可能在创业的道路上生存下来。如果你是一名钢琴老师，就必须将教授钢琴的能力练到极致；如果你是一名培训师，就需要将培训的能力发挥到极致。

创业还需要主动去找客户，有了客户才能帮助我们这一叶小舟在汪洋大海上不至于被大浪打翻。我特别感激所有的客户对我的信任，没有他们的支持，我不可能在市场上有自己的一席之地。我唯有不断提升自己的能力，用心服务好客户，才能在竞争激烈的市场中立于不败之地。

个体与系统的关系，关键在于认清自己的身份，了解自己的信念和价值观，不断提升自己的能力，并脚踏实地走好每一步。只有这样，环境才会给予我们一个存活的机会。

小结

在职场中，我们都不得不面对个人与企业之间的关系。只有深入了解个体与系统的关系，了解个体能力与系统能力的匹配，才有可能实现双赢。个体能够在企业中获得成长与发展，而企业也因个体的不断提升而更具活力和竞争力。

02 与上级的关系：实现发展的资源

在职场中，最常见且重要的人际关系是与上级的关系。无论什么时候进入企业，总会有比我们先到达的人，他们可能是我们的前辈，也可能是我们上级。

在企业成立之初，有一群人为这家企业奉献，因为他们的努力才使企业得以存在。先到的这群人很了解如何让这艘船稳固前行。因此，作为后加入的员工，我们需要尊重老员工们，他们很可能会传授给我们宝贵的经验。从"教会你"的角度来说，所有先到的人，都有可能是我们的上级，因为每个人都有值得借鉴的地方。

一般意义上我们说的上级，是指职位比我们高的人。与上级相比，作为下属的我们，只能看到自己周围的一小部分区域，看到系统的一个局部，而上级则能看到整个局势，看到系统里更大的区域，甚至是全局。

因为在这个位置上的人可以获得更多的信息。就像古代行军打仗一样，总会有一个信号兵站在较高的位置，用信号传递指示。企业中的管理者也扮演着这样的角色，他们为我们提供指引，决定着我们应该如何行动才更为合适。

有句名言说得好："站在巨人的肩膀上，会看得更远一些。"这个巨人就是我们的上级。因此，作为下属，我们应该与上级建立良好的合作关系。

通过与上级紧密合作，我们有可能获得更多的信息和资源，甚至得到他们的支持，从而更好地完成工作。

与上级的关系

在我们的职业生涯中，上级的第一个身份叫作信息源，他们可以观察到我们所看不见的信号和信息，了解这个系统（即企业）正在发生的事情。所以，我们应该尊重上级，虚心学习，主动沟通，展现出积极的工作态度。通过与上级建立良好的互动，获得更多机会，拓展自己的视野，并在职场中不断成长与进步。

在职场上，最重要的是两个核心价值：一是不断提升个人能力，二是获得足够养活家人的稳定收入。当我们提升了个人能力，财富也会随之增长。上级之所以给予机会和支持，很大程度上是因为对我们更加信任。

👥 小结

　　要实现职业成功，我们需要不断提升自己的能力，同时需要尊重上级并积极与其合作，就像站在巨人的肩膀上，能够看得更远一些。

03 与客户的关系：实现收益的来源

谁是我们的客户？最简单答案是：谁能帮助你更快实现业务目标，谁就是你的客户。客户分为外部客户和内部客户。

外部客户是公司或组织外部的个人、其他公司或机构，他们购买产品或服务，是推动企业业务增长和盈利的重要因素。与外部客户建立良好的关系，理解他们的需求和期望，不断提高产品和服务质量，将有助于获得更多的业务机会和口碑传播，从而促进收益的增长。

内部客户是组织内部的同事和部门。在现代企业中，团队合作和内部沟通至关重要。每个部门和员工在企业的运营中都发挥着特定的作用，相互依赖。有效的内部关系可以提高工作效率，减少内部冲突，并确保资源的合理利用，进而提升企业整体的盈利能力。

因此，与客户的关系是企业收益的重要来源。无论是对外部客户还是对内部客户，我们都应该秉持以客户为中心的理念，关注客户需求，提供优质的产品和服务，不断优化客户体验，以实现持续的商业成功和增长。

一、外部客户让资金流动

客户只会为自己需要的价值买单。当企业所生产的产品或服务能够满足客户的需求、解决问题时，他们愿意付出金钱。客户有需求，企业能提供解决方案，资金就会流动起来。

有些培训师喜欢讲课这个行为，但不喜欢与客户进行互动，也不愿意主动为客户提供服务，比如做品牌宣传或者答疑等，却期待客户能买单，这样的心态实际上是不太合理的。

➢客户不仅是一个人，还是一个大系统

与客户的关系

目前一些亲子课程主要面向父母，教导他们如何与孩子沟通，以及如何使孩子接受父母的教育等。然而，我们应该更关注孩子的需求，先满足他们的需求，再满足家长的需求。例如，孩子说需要一个放松的空间，作为讲师，我们的服务是让父母为孩子提供一个放松的空间，让孩子感受到被尊重和被接纳的情感。

再举例，老师会把孩子在学校的表现反馈给家长。作为讲师，我们应该看到学校的需求，同时也需要关注家长和孩子的需求。家长需要思考的是，如何做才能使孩子更愿意接受。

在整个大系统中，我们应该将客户视为一个复杂的网络，通过理解不同层面的需求，为客户提供更全面和有效的服务。

> **客户不仅包括消费者，还包括使用者，以及与使用者相关的整个系统**

有时候，购买产品的人和实际使用产品的人可能不同，因此我们必须同时考虑使用者的感受。如今，女性朋友们更加关注手机的拍照功能。如果男士要给另一半买手机，就需要考虑手机的照相功能。再者，购买奶粉的是妈妈，但喝奶粉的是宝宝。因此，我们更多地需要关注宝宝的需求和反应。

客户还与整个系统相关。如果我们只关注个体，而忽视了系统中其他人的需求，即使客户当下会购买，未来也可能不会再次选择。如果我们能够同时解决系统中大多数人的问题，他们将更愿意传递我们提供的价值，并有可能带来更多的潜在客户。

现在有各种购物节，商家不仅看到了消费者，还考虑他们所处的环境，例如家庭和社会环境等。这为商家提供了更大的客户群体，更容易获得客户群体的信任和认可。

总之，客户关系的成功建立需要我们更广泛地考虑各方的需求，包括消费者、使用者以及相关的整个系统的利益，以此为基础提供有价值的产品和服务，促进客户满意度和忠诚度的提升。

二、内部客户让价值传递

除了真实购买我们产品的外部客户，在职场中，我们常常会忽略另一类客户——在系统内部，我们通常称之为"内部客户"，即其他部门或同事。我们需要像对待外部客户一样对待内部客户，因为他们同样是我们成功的关键因素。

在传递价值的过程中，理解对方的需求和关注点尤为重要。尽管我们的工作会涉及不同的职能和角色，但只有通过积极沟通与合作，可以找到共同点，才能更好地协同工作，共同实现目标。

上级能帮助我们更多了解企业，能决定相关的一些事情。同级关系同样重要。通过部门内部的有效互动和合作，可以实现价值的顺畅传递，提高组织的工作效率和质量，为组织的发展和成功奠定坚实的基础。传递价值不仅在于完成分配的任务，还包括相互尊重、协作精神和支持彼此的能力。

在任何组织或企业中，部门内部的互动和协作对于实现组织的目标和成功至关重要。无论是平级与平级之间，还是上级与下级之间，都需要进行有效的沟通和合作，以确保价值在组织内部得到传递和实现。

组织内部每个成员都是一个价值传递者，需要通过积极的沟通和合作，将组织的价值传递给其他成员，并共同实现组织的目标。这个概念不仅适用于部门内部，也适用于整个组织和团队之间。

　　当我们能很好地服务每一个客户时，资金的流动和价值的传递会更加顺畅，这就是最直白的商业模式。

　　这种商业模式可以达到三赢，也就是我们拥有了财富之后可以让自己和家人生活变得更好，我们的能力也不断得到提升，而对方拥有了价值之后也能解决所关注的问题。

　　当所有人的问题解决之后，整个社会也更加和谐。这个过程，也是问题解决和价值创造的过程。

04 跨部门的关系：实现合作的关键

一个企业里，设立了不同的部门，各司其职。然而，这种组织结构必然会带来跨部门间的沟通需求。作为企业的负责人，也希望部门之间能有良好的沟通、凝聚力和协作能力。跨部门沟通涉及两个关系：一个是部门与系统之间的关系，一个是人与人之间的关系。

一、部门与系统的关系

在一个企业（系统）中，虽然不同的部门都有着各自的责、权、利，但应该服务于系统。一个部门存在的价值在于这个部门的员工能否配合系统的运作，解决系统需要去面对的问题，甚至是创造更大的价值。所以，在每个部门的权限范围之内，员工需要协助主管完成系统里所交办的工作任务。

每个部门都拥有自己的独特身份，这个身份也应该与部门的信念系统相一致。例如，人力资源部门负责管理组织的人力资源和与员工相关的事务。当出现不合适的员工时，人力资源部门需要进行相应的绩效考核，以确保组织的健康运转。财务部门的核心职责是管理和控制组织的财务活动，其价值观在于如何有效管理资金，在确保财务安全的前提下实现盈利最大化。

无论哪个部门，核心的价值都是服务企业，回报股东，以实现企业的盈利目标。所有的企业都存在于系统，存在于整个社会大系统中，核心的价值就是盈利。如果一家企业无法实现盈利，所有的部门都将难以为继，员工都将感到不安和担忧。只有将这一目标坚定地保持在心，企业才能有更大的生存和发展机会。

对于员工来说，企业最好的回报是让员工的收入和能力不断提升。只有企业能够持续盈利，才有能力回馈员工。否则，再美好的愿景也难以成真。

二、个人与个人的关系

在跨部门沟通中，个人之间的合作是实现共同目标的关键。确保人与人之间的顺利合作，才能实现共同的目标。

➤ 第一，确认是否有顺畅的沟通渠道

需要确认是否有顺畅的沟通渠道。为了营造顺畅的沟通渠道，通常需要由各部门的管理者来负责。如果两个部门的管理者之间关系良好，那么两个部门的下属在工作中进行沟通将会更加容易。相反，如果两个部门的管理者之间存在问题，那么下属在沟通合作时可能会遇到困难。所以，在跨部门沟通中，风险也许来自两个系统的管理者。这个时候，就需要看更高层级的管理者如何处理这种局面。

管理者的核心能力是如何整合资源，而整合资源的关键在于沟通能力。

通常情况下，资源整合能力越强的人拥有的资源越多，解决问题时的风险也越小，可选的解决方案也更多。所以，在系统中，我们不仅要看见自己，更应该着眼于整个系统；不仅要看到自己所在的部门，也要关注到其他部门。

➤ 第二，需要确认双方的能力

在跨部门沟通中，双方的员工需要紧密协作来完成工作任务。例如，企业可能需要建立一个线上销售平台，人力资源部门认为市场部门可以胜任，但实际操作中，市场部员工并不具备必要的能力，而是需要新建一个专门的部门来处理。如果员工的能力不足，就会出现所有人都在盲目尝试，不知道方向在哪里的情况。

尽管每个部门都有各自的责权范围，但实际上它们共同拥有一个目标，那就是完成企业的绩效。所以，我们需要把时间和精力放在"能力"和"行动"这个层面：谁有能力来完成任务？如何完成？何时完成以及完成的标准是什么？这才是跨部门沟通的核心问题，而不是总处理情绪和压力的问题。

对于参与跨部门沟通的员工来说，他们不仅需要服务于自己的上司，还需要协作完成一个共同的工作目标。如果每次都能有效沟通，那么当出现晋升机会时，更容易将有这种合作经验的员工纳入考虑。

如果各部门的员工不专注于共同的工作目标和效果，而是经常向自己的上级告状，这样将会让两边的领导都感到头疼，就像两个家长整天要处理两个小朋友吵架一样，而且这也是企业里最大的浪费。因为雇佣员工是为了共同协作实现目标，而不是为了让他们吵架。

与跨部门的关系

实际上，每一次跨部门沟通，都像一次小考试。这种考试不是考察员工的实际工作能力，而是考察管理能力。如果两个员工能够良好地进行跨部门沟通，当职位空缺时，那些具备沟通能力的员工更容易得到管理者的职位。

> **第三，信息需要及时流通**

在跨部门沟通中，信息的及时流通是确保有效合作与执行的关键。每次沟通完成后，所达成的共识和需要落实的事项都应该书面汇报给双方的管理者，并明确完成任务的时间节点和责任人。在整个过程中，双方都需要相互监督，而不是等到问题出现时才想起追究责任。

对于复杂的跨部门工作，最好的做法是单独成立一个项目组，由该项目组选出一个负责人来统筹整个项目。该负责人应向各级管理层进行汇报，并将决策和指示向下传达给各部门的相关人员。通过项目组的统一领导和沟通，可以更好地协调不同部门之间的资源和行动，从而更高效地推进项目的进展。

小结

在现代复杂多样的企业环境中，跨部门沟通的重要性不言而喻。只有通过良好沟通和紧密合作，不同部门之间才能实现有效协作，共同实现企业整体绩效的提升。

在未来的发展中，随着企业的不断壮大和市场竞争的加剧，跨部门沟通将成为推动企业成功的关键要素，共建一个高效协作的企业文化，让跨部门沟通成为推动企业腾飞的强大动力，实现企业的可持续发展和长期成功。

第三章

03

晋升思维：
个人发展和团队管理

在职业发展的道路上，晋升不仅是一个职务的变迁，更是一种思维的转变。

晋升思维不仅关乎个人的职业发展，也影响着整个团队的成长。通过创造价值、解锁资源、匹配价值、看见未来和建立连接，我们不仅可以实现个人的晋升目标，还能为团队的成功贡献力量，创造出更加充实和有意义的职业生涯。

01 创造价值：实现升职加薪的关键

曾几何时，我也不太愿意谈论金钱，羞于启齿，甚至觉得很多事情是我应该做的。有时候得到奖励，也会觉得特别不好意思，认为自己没有资格去享受。现在，我可以享受收益带来的生活乐趣，就像享受工作和劳动带来的乐趣一样。在职场中，很多人不敢跟上级谈升职加薪，或者不知道怎么谈。实现升职加薪的关键在于创造价值。我们如果能不断创造价值，就应该敢于表达。

一、职场中应该谈钱吗

我们不妨来思考一下，"钱"究竟是什么？

很早以前，人们是没有"钱"这个概念的，只有"时间"这个资源。而时间是有限的，如果我用时间来种地，就没有时间去纺织。可是，我们对资源的需求是多样化的。最好的方法是什么？就是物物交换，我用种出来的粮食交换你织出来的布匹。

"钱"是一个计量或流通的工具。如果我没有粮食，但我又需要布匹，就可以用钱去购买，等粮食种出来后卖掉，再换成钱。因此，"钱"是很重要的一个流通的工具。同时，"钱"起了一个平衡的作用。如果我得到了你纺织出来的布匹，可是我又没有粮食，那就需要用家里其他物品来代替，但是，可能你拿走的是我也需要的物品。如果只需要花"钱"而不是我本身所需要的物品，就可以达到平衡。

回到职场中，有没有一些是不能谈钱的时候？如果有，那一定是获得了一些无法用金钱衡量的回报。比如心灵上的感受和情感，或者是能力的提升，等等。又或者，你有一个很好的朋友，本来他不需要为你的喜怒哀乐来负责，但是，只要他知道你出现状况，他都会义无反顾过来帮你。这份义无反顾，就是不索取的支持。

你的老板不仅给了你工作机会，还有对于你来说是很难得到的一些机会、能力的提升等，得到了收入以外其他更大的价值。这已经超越了商业系统中的雇佣关系。

二、提供价值

我到楼下包子店付出 10 元钱买回来的包子，首先，我希望这个包子是干净的，吃了不会让我坏肚子；其次，它应该满足我身体所需要的营养；最后，在吃包子的过程中，甚至在买包子的过程中，我希望得到平等的对待，希望对方不会恶语相向，也不要以轻蔑或不接受的眼神看待我。

如果我们还是花 10 元钱买一个包子，可是对方说："对不起，我今天心情不好，所以今天的包子只有原来的包子的一半大小，但是 10 元钱你必须照付。"我相信，如果对方没有一个正确的理由，你是很难平衡的。

或者你在买包子的过程中，他没有给你好脸色看。如果你有一张100个包子的订单，你会把订单给这个店家吗？答案一定是：不愿意。为什么？因为买一个包子的时候，都没有买到最基本的服务和价值，当有更大需求的时候，你一定不愿意再给他机会。

无论是在消费者角色还是职场角色中，我们都在追求价值的交换。在职场上，我们是提供包子的那个人。我们通过为他人或组织提供价值来获得收入，就如同提供新鲜包子的人在交换中得到了报酬。

如果我们没有得到晋升或者加薪，或许是因为在第一次提供价值的过程中，没有让支付工资给我们的老板或者企业得到满意的结果。因此，当更大机会到来的时候，老板或者企业也一定不愿意把机会给到你。

我们每天上班工作，才会维持稳定的收入。职场是我们迈出家门跟世界相处的一个空间，它不一定能照顾个人情感。职场与家庭不同，职场关注的是效果、结果以及价值。如果你在职场上犯了错，老板会过来关心几句，同事也会说"没关系，下次会更好"。那么，请你一定要珍惜这个充满爱的团队。

回到买包子的例子。

如果你去买包子，老板每次都是笑脸相迎，还会说："哇，你今天脸色不错哦，发型也很好看，还买了一个新包啊！今天我们还煮了绿豆汤，你要不要试试，我送你一碗。"试想，同样花了10元钱，除了每天能听到非常悦耳的夸奖声，还有额外的绿豆汤。这个时候，如果你要买100个包子，我相信你一定会选择这家，而不是恶语相向那家。

第二家店提供的价值比第一家店更多，除了包子外，还有额外的情绪价值。你的老板是有智慧的，如果一个员工能力和你差距不是太大，但在人际交往上表现更为巧妙，老板可能更倾向于给予那个人更多的机会。

三、提升能力的训练空间

作为员工，我们最应该关注的不是职位的晋升，也并不是收入的增加，而是能力是否得到提升。能力提升以后，职位的晋升和收入的增加必定会在未来呈现出来。相反，即使升职加薪了，能力却没有提升，总有一天，当外部竞争带来组织内部的压力和变革时，我们也无法匹配系统运作。所以，即使暂时获得了晋升和高薪，也可能很难保持这样的状态。

因此，职场中能否升职加薪的关键并不在于我们付出了多少，而在于我们的能力是否得到了提升。只有当我们的能力得到了提升，未来才有可能获得期望的收入和职位。所获得的能力不仅有利于在当前企业工作，未来换家企业，同样能够获得认可和机会。

想要提升自己的能力，我们要关注自己的优势。如果我们的优势是重合的，对不起，那不算优势。如果只有自己会打字，这是一个优势，可以获得一份不错的工作；可是，当全办公室人都会打字的时候，会打字就不算是优势了。换句话来说，如果所有人拥有相同的一份能力，这个不算优势而是最基本的要求而已。我们应该培养独特的，与他人有所区别的，同时也是客户所看重的能力。

如果想在职场上有所提升，关键是要发掘和培养自己的能力，让自己的技能成为他人所需要的价值。

其实，能力从来都不是一成不变的。持续提升的核心在于创新，为客户提供他们所需要的价值。在大学里，不管如何创新，收入也并不能直接呈现出来。然而在职场中，只要你愿意不断学习，提升创造价值的能力，提升客户的满意度，你的收入提升的空间就会比较大。

所以，真正的晋升和收入提升并不是在某一个瞬间出现，而是在未来人生中逐渐显现。将现在的职场看作一个学校、一个培训中心、一个驾校，你可以在这个过程中不断学习，并同时保障了自己的生活和收入。

看看周围的同事，谁拥有你不具备的优势或者技能，他们就是你的老师；观察你的上司，他必定拥有一些你所欠缺的能力和资源，跟他去学习吧。通过吸收每个人身上的优势，让自己变得更具资源、更有能力、更有价值，这是确保自己不断晋升和收入提升的前提条件。

四、实现升职加薪的底层逻辑

我们的能力和价值几乎与收入成正比。例如，有些培训师非常忙碌，他们的产品一推出就被抢购一空，这说明价格是被市场接受的，与其价格相匹配的是他们的能力；而另一些培训师很长时间都没有业务，没有人购买他们的产品，这就说明市场没有接受他们所提供的价值。面对这种情况，他们有两个选择：一是降低价格以适应市场需求；二是增加价值，使产品的价值能够达到客户和市场的满意程度，这才是核心关键所在。

市场是智慧的，它会根据个体在与世界互动的过程中所产生的价值来决定其能拥有的资源。所以，要实现升职加薪，我们要做的是，首先，有着主观信念、价值观，接受它对我们生活的意义和价值；其次，不断提升自己的能力，让自己的能力转换成为价值。

就像开一家门店，如果想生意越来越好，首先就要服务好客户；如果想拥有更多资源，那就去了解竞争对手的优势和能力，再让自己具备这些优势和能力。

　　如果我们想拥有那些从来没体验过的好的感受和感觉，需要我们提前对这个世界有所付出，在价值交换的过程中去得到这份资源。通过为他人创造价值，服务更多人，我们的生命也会被滋养和丰富。

　　我们的未来，不论你愿不愿意，永远在变化！我们能做的就是提升自己适应变化的能力。接受变化，让变化成为我们的朋友，而不是去抗拒变化。

　　真正能给我们安全感的是不断提升的能力，自信可以服务不同客户的能力，同时还有一颗愿意服务其他人的心。我相信这个世界是公平的，是金子总会发光。

02 解锁资源：积累财富运气的核心

每个人来到这个世界上，从出生起，就拥有了很多显性与隐性的财富。成年之后，我们可以为自己的生命创造价值，同时也能为他人提供产品和服务。在这个过程中，我们可以不断积累更多的资源和财富。我们需要付出坚实的努力，发挥个人的潜力，建立良好的沟通关系，并且还要注意保持内外在的平衡，这样我们才能创造出更加充实、有意义的人生。

一、来源

我母亲是一名医生，她救助了很多人。还记得我小时候，因为她的职业，我也沾了光。比如，走在路上，邻居会给我一些零食，水果店老板会给我水果，杂货店老板会给我鸡蛋。所以，我们的生命就是先跟自己的父母的连接，跟自己家族系统的连接。

大家有没有想过养育一个孩子需要花多少钱？要教会孩子生存和生活需要花多少钱？可是，我们的父母用各种方式在训练和培养我们的能力。他们有时会用我们需要的方式来训练我们，有时会用我们不太容易接受的方式来训练我们，但无论用什么样的方式，最终的结果是：你看，你现在可以独立生活在这个世界上。

我现在从事的培训工作，从另外一个角度来看，我用所学所知来服务更多的人。很多人因为我的分享有了新的方向和选择，并对我表达感谢。我相信这份感谢在无形中得到积累。所以，能子承父业通常是好的选择，将这一份资源延续下去，这样甚至可以减少很多付出而得到很多回报。

二、关键要素

我们不需要付出过多努力就能得到的资源和机遇，源自我们的父母。我们仍然需要依靠自己的劳动和付出来获得收入，这就是"劳而获"。

> 要实现"劳而获"，关键的要素包括：时间、能力、效果和三赢

时间：为这件事情付出的总时长。我们必须为某件事情付出时间，才能获得相应的回报，这是最基本的条件。

能力：让我们可以在整个过程中出色地完成任务。

效果：是"劳而获"的核心要素之一。我们的付出必须能够产生相应的效果，包括自己和对方，否则努力将是徒劳无功，也不会获得财富。

三赢：我好、你好、世界好。这是非常重要的理念，意味着我们的付出不仅要为自己带来好处，也要为他人和社会创造价值。只有在三赢的基础上，我们的努力才能更加持久、有意义。

全职妈妈需要具备的能力远比我们想象要多，包括：孩子的抚养能力，照顾孩子的日常需求，确保孩子健康成长；家务能力，包括购物、烹饪、清洁、洗衣等，确保家庭生活有序和高效运转；时间管理能力，合理安排各项任务和活动，确保家庭和个人的需要都能得到充分满足；解决问题和决策能力，面临各种问题和挑战时，能够冷静地分析情况，确保做出明智的决策，并采取适当的行动；教育引导能力，引导孩子学习、培养良好的价值观和行为习惯，确保孩子能成为独立的个体；沟通与协调能力，与家庭成员建立良好的沟通，营造和谐的家庭环境。此外，还有自我情绪的管理能力、学习和适应能力等。全职妈妈的努力和付出为家庭带来了显著的效果。

三赢是自己很享受在家里做全职妈妈，给丈夫、家人甚至社会带来了比较好的状态。比如，让孩子在成长过程中充分享受母爱，与母亲连接，对他们的成长起着积极的影响作用。

➤ 凭借个人能力实现三赢

所以，凭借个人能力，通过付出时间来获得相应的效果，最终实现三赢后获得财富。

买彩票运气好的时候可能会中一些奖金，运气不好的时候可能会一无所获。即便中了彩票，突然获得的这笔钱，也可能会给家庭和生活带来苦恼，使得生活更加不顺畅。

有些培训同行很羡慕我，认为我有自己的课程，还有市场，一定是运气很好。事实上，我每天超过八个小时在工作。白天讲课，晚上还有微课。如果白天没课，我都会在学员群里跟学员互动。在这个过程中，我的能力在提升，产生了效果，而且大家都开心，是三赢的。相比起运气的不确定性，我拥有更多主动权，让我能够掌控自己的未来。

三、支持

与伴侣的关系非常放松和融洽，我们能够自由地谈论内心感受，对方会给予我们支持、理解、关怀、认可和认同，从而让我们的心灵得到满足和安慰。

在朋友上也是一样。如果有一个能够给我很好支持的朋友，在我需要的时候能陪伴我，在我苦恼的时候能给我提供方向和建议。好的朋友能够给我们的生命增加更多机会，使我们更加轻松愉悦，我们的人生空间也随之变得越来越好。这就是朋友给我们的支持。

珍视每一个与他人建立联系的机会，用开放的心态去迎接新的友谊，让获得的支持在人际交往中不断得以滋养和壮大。

四、不能透支未来

透支未来资源使得我们目前看起来很富有，实际上是以牺牲未来为代价。

在选择一份职业，或者决定做某些事情时，我们要考虑到未来的发展，避免为下一代制造他们需要面对的问题，特别是环境问题。我们所造成的恶劣环境，最终会让我们的下一代承受后果。尽管现在看起来很富有，但是未来将会以各种方式让我们付出更沉重的代价。所以，在选择行业和从事职业时，我们应该考虑到对未来的影响，尽量选择服务未来、让世界变得更美好的行业。

如果我们现在所做的一切都是为了服务社会，同时创造更多的机会和价值，通过作出积极贡献，我们将吸引系统性的资源流向我们。

五、收入和付出之间的平衡关系

收付的平衡是指我们收入和付出之间的平衡关系，而这个平衡并不局限于金钱，还涵盖了我们对生命的接受与拒绝、情感和情绪的状态，以及获得财富的手段等。只有保持平衡时，我们才会更加稳健和顺遂。

当我们没有积极面对和处理自己的情感和情绪时，负面情绪会影响我们的工作状态，导致财务状况不稳定。另外，不能利用欺诈、不当投资等不道德手段获得财富。

所以，我们需要通过愉悦、平静的状态去交换资源，万不能通过不道德或不合法的手段获取财富。只有这样，我们才能实现财务平衡，拥有稳健的人生，让财富得以持续增长。

小结

在生活中，财富无疑扮演着重要的角色。

想要积累财富，需要个人的努力、智慧和良好的人际关系。在追求财富的过程中，保持平衡至关重要，包括与他人、生命、情感的和谐共处。通过诚信、正直的行为，以及用心去服务他人和社会，我们将创造真正有意义的财富，并在未来获得更多的回报。

03 匹配价值：成就职场发展的关键

在职场中，选对行业至关重要。如果选择了一个朝阳行业，即使是稍微付出一些努力，也很容易获得成功。正如雷军所言："站在风口，猪都能飞上天。"如果选择的是夕阳行业，即使个人能力再强，也可能会事倍功半。

作为员工，除了要考虑行业的前景，还要考虑团队；作为管理者，选择合适的团队成员和善于留住人才至关重要。无论员工还是管理者，只有找到与自身价值观相匹配的工作和团队，才能在职场上取得更大的成就。

一、彼此成就

在一个团队中，如果我们能总是从企业和上司的角度出发做出行动，当机会降临时，系统也会回馈给你。

➤ 看未来：保有自我，关注未来

有人认为，可以观察团队如何对待员工，特别是那些曾经为系统作出过贡献的员工，来判断团队。

更重要的是，我们必须是一个有"自我"的人。只要我们能保持独立思考和坚守自己的价值观，总有机会得到提升和成长。因为我们清楚自己需要什么，我们知道如何取舍。如果我们没有坚定的"自我"，就容易将一些不良的职场风气复制到自己身上。

工作更应关注未来，所以要看自己未来三年的样子。如果我们能清晰看见自己未来三年的样子，了解自己的能力将有多大幅度的提升，就说明这个团队是值得跟随的。

➤ 看能力：发现价值，复制能力

了解每个人的价值和能力是至关重要的。我们需要清楚自己身上的优势和价值是什么，同时也要了解团队的能力和优势。

如果我们对上级没有好感，觉得上级似乎也没有什么值得学习的地方，那么可以考虑换个上级，因为这个上级没有什么可以传授给我们，我们也可能没有提升的空间。当然，这样的概率比较低，毕竟能担任领导职位，肯定是有自己的优势的，我们认为上级不行，可能是因为我们还没有完全发现或认识到他的潜力。

➤ 看团队：价值呈现，彼此成就

判断能否彼此成就，还要看个人的价值是否能在团队中呈现出来。在团队中，最重要的是彼此成就。如果团队需要我们，说明我们是有价值的；同样，如果我们也需要其他人的协助，说明这个团队是非常好的，相互依赖，彼此都在为团队的共同目标贡献自己的价值，形成了一个相互融合的团队。

如果上级个人能力非常强，同时我们也总是能支持团队的发展，能够全力支持团队和企业这个大系统，而我们共同努力的目标是为了服务更多人，为了服务整个大系统，那么这样的团队是值得我们努力的。正向的价值贡献越多，就越值得我们付出。一个小系统服务了大系统，大系统自然会向小系统提供资源和支持。

相反，如果在团队中学不到新东西，团队凝聚力下降，而且我们的工作对其他人也没有什么实质性帮助，每天只是在浪费时间，那就需要考虑是否寻找更适合的团队。

二、创造价值

作为管理者，"选对人"很重要。因为团队成员的选择直接影响着工作效率、团队合作以及整体绩效。选对了人，团队就能够不断壮大，为系统的发展创造更多的价值。

➤ 同而不同：目标一致，能力不同

在组建团队时，我们常常强调志同道合。在团队中，最好找到那些目标一致、有共同愿景，并愿意为此共同奋斗的人。同时，团队成员的性格和能力应该有所不同，这样能够互补，形成一个完整而强大的团队。

在选择员工时，要考虑能力，要看到他们能为系统作什么贡献。性格特点和个人喜好等。因为职场是一个彼此支持、共同创造价值的地方。职场中的友情是双方在为企业和系统发展贡献的过程中自然产生的。

我曾在民营企业、国企、外资企业工作，同时也尝试过创业，并且有过一段时间的失业经历。从我多年的职场经历来看，职场是一个非常奇妙的地方，让我能与各种不同个性的人交流，看到他们身上的价值和优点，同时也从他们身上学习到许多我欠缺的能力，使我得以更快地成长。

➤ 真实沟通：面对冲突，善于表达

除了考虑能力外，选择团队成员时，还要考虑他们是否具备真实沟通能力。

真实沟通就是彼此之间能够有很好的沟通空间，能够积极面对冲突。真实沟通的核心意义在于能够坦诚表达不同意见和想法。如果把意见憋在心里不敢表达，将阻碍团队合作，影响工作效率，无法创造更多的价值。

真实地面对职场关系是职场的真正工作模式和沟通模式，也是成熟职场人的表现。在职场上，坦诚而真实的沟通能够建立更加稳固和融洽的团队合作关系。当团队成员能够毫无保留地表达自己的意见和想法，而其他成员也愿意倾听和尊重他人的观点，团队的创造力和解决问题的能力将得到极大提升。

➤ 关注客户：创造价值，成就系统

除了注重个人能力外，还要关注员工是否关注客户，是否愿意为客户和市场不断思考、创造价值。如果员工忽略了服务客户的重要性，简单来说，他们不是真正的员工，团队也可能被市场淘汰。

对于一家企业来说，客户和市场才是它的命脉。只有确保客户能够获得他们想要的价值，企业才会持续壮大。为了实现这一目标，企业应该激励那些积极关注客户需求并愿意为客户创造价值的员工，给予更多资源，激发他们的工作热情和创造力。他们是企业发展的关键推动力。

➤ 竞合关系：有界线，知进退

竞合关系就是竞争与合作的关系，意味着我们要保持彼此的界限，懂得进退之道。界限是指我们知道什么事情可以做，什么事情不可以做。

如果每一个员工都愿意多付出一些努力，提供更多创造力，并创造更多价值，将会推动整个企业不断前进。同时，员工之间也能够相互合作，彼此交流，共同促进团队的成长。

如果有一天，员工觉得在这个团队中发展空间有限，想去其他企业，作为上级应该给予祝福。因为这样有能力的员工，正是团队培养出来的，也代表着这个团队所提供的培训和指导是足够有效的。如果一个员工离职时，并没有觉得自己在过去的日子里有所成长，说明这个上级并不称职，也不会得到员工的感激。

如果我们和这个员工保持联系，过了一段时间，他也许会因为某些原因选择重新回到原企业，将在其他企业中获得的成长和经验带回来，为原企业作出更大的贡献。

三、共同成长

要留住人，确实并非一件容易的事。随着职场环境的不断变化和竞争的日益激烈，员工的离职率逐渐上升，因此保留人才变得越来越具有挑战性。

➤ 留人才

人才是那些能够为企业系统作出贡献的人，他们总是愿意积极应对变化，承担风险和责任，不断为其他人提供更多帮助，为客户和市场付出更多的努力。

一些尽管每天重复着相同工作，却缺乏敬业和责任心的员工，尽管领取工资，但没有为企业带来实质性的增长或价值，这对企业来说是致命的，长期下去企业会出现问题，员工领取工资的渠道也可能不存在了。所以，团队中的每个人应为了企业的发展，为了企业的明天而存在，这也是为了员工自己。

对于那些处于相对安定环境的员工，他们应该开始未雨绸缪，时刻保持警觉和开放的心态，主动学习和提升自己的技能。

➢ 提升能力和收入

真正能够留住人才的方式是帮助员工提升能力和收入，让他们的职业发展有更大的机会和空间。这是关注员工个人的成长和发展，激励他们不断学习和提升自己的能力；提供培训计划、职业规划指导以及晋升机会，让员工感受到企业对他们的关心和支持。

也许有人会说，有些员工的能力并未得到提升，收入也没有增长，但他们仍然愿意留在目前的职位。事实上，员工选择留下的原因可能是因为他们觉得目前的职位较为安稳。但是这种安稳也可能隐藏一定的危机。如果大部分员工都处于这种状态，团队的发展也会受限，大系统可能会淘汰这样的小系统。

在职场中，共同成长才是长久之计。

➢ 为了发展而离开

我们选择留在一个地方，是因为我们相信彼此之间有共同的未来；离开，是因为我们需要更大的成长空间。

在原来的企业，如果成长空间有限，资源有限，离开，对系统来说，也许是一件好事情，因为离开会给企业带来新的资源流动，让企业找到更匹配的人。

在当前的系统中，我们的优势和特长无法得到充分发挥，但换了一个系统，寻找更大的成长空间，我们能够更好地发挥自己的潜力，被认可和运用。用自己的才华与这个世界交换价值，用我们的价值让自己的人生和生活更加幸福美满。

小结

工作固然不是人生的全部，但工作可以让我们每个人都更有活力、更有价值。同时，工作也能让我们内在的能力和爱在这个世界上流动，为社会和他人带来积极的影响。

不论是选择留在原地还是踏上新的旅程，都是为了实现自己的发展和成长目标。让我们勇敢迈向新的未来，为自己和他人创造更多美好的可能性。

04 看见未来：达成团队目标的根本

"一艘没有航行目标的船，任何方向的风都是逆风。"这句话告诉我们，如果团队没有明确的目标，就很难获得持续的动力，也很难靠近成功。因此，我们必须认真思考，如何确立清晰的团队目标，让每个成员都能够对此产生共鸣，并付诸行动。

我们需要深思：这个目标实现以后，对我们个人和企业来说有多重要？对我们来讲，有什么价值？为了实现这些价值，应该如何有效地获得这些行为能力？实现这个目标后，大家的神情如何？

当我们想到这些的时候，感觉是良好的，实现目标的可能性就会更大一些。归根结底，要实现自己和团队的目标，主要有以下四步：

- 设定能看见未来的目标；
- 激发可达成目标的动力；
- 连接能创造机会的资源；
- 嘉许可实现目标的行为。

一、设定能看见未来的目标

每个企业的存在都必须有一个明确的目标。这个目标是企业发展的动力和方向，是组织内所有成员共同努力的焦点。如果企业没有明确的目标，它将失去前进的动力和存在的意义，最终可能会走向衰退和消亡。同样，每个团队也必须有一个目标，而且是服务于企业的目标。团队的目标能否达成，也影响企业的发展。

➤ 如何判断目标是否可行

判断目标是否可行的标准是：当我们看到这个目标的时候，大脑里能否浮现一个成功的画面？

例如，我渴望拥有一份好工作，有一定的收入，能获得成就感，还能不断发展和成长。我可以想象一个画面：在某个时间点，我在怎样的环境下和同事们一起工作？工作时，我的面部表情是怎样？当看到绩效的时候，会听到领导们说什么？我会不会因此而获得奖励？拿到奖励以后，我的感觉是怎样的？

这个画面是实现目标后的情景，包含着我们所渴望的成就和体验。画面越清晰，目标达成的可能性越大，就越能看见要走向的未来。

在我的减重训练营中，我会要求学员想象未来瘦下来的样子。当她们能在大脑中清晰地见到自己拥有理想身材时，才更有动力去实现减重目标。如果不能想象，说明内心不能接受这个目标。同样的，对想要找到另一半的人来说，构建一个向往的画面也是至关重要的。

设定一个能看见未来的目标，让其在大脑中形象化，并且持续努力靠近这个目标，将成为我们成功的关键。

➤ 个人目标是否与系统的目标相匹配

如果个人目标与系统的目标相匹配，匹配度越高，成功的可能性越高。

当个人的目标与整个系统的目标相一致，就能够形成合力，带来更好的结果和成就。

有一位女士，她在工作之余从事微商。她的个人目标与系统的目标不一致，精力被分散在两个不相干的领域，导致她经常在工作中和领导、同事发生冲突，无法得到更多支持。相反，当她放弃微商，把时间全部投入工作，取得了更好的成绩，团队更满意，她的职场生涯将更加顺利。

儿子一年级的时候，我去参加家长会。校长说的一段话，感动了我。他说："我们学校，绝不允许老师给孩子布置过多的家庭作业，特别是午间作业。所以，你的孩子做作业基本上不用到晚上十点。如果你的孩子做作业到十点，你可以让孩子不要再做了，发个短信给学校，让老师知道就可以了。"

要达成校长的教学目标，老师们需要在不增加孩子作业量的前提下保证学习。因此，老师们就得花大力气在教学研究上。当全体老师跟着校长的目标调整自己的目标时，大家就有了改变的动力和达成的决心。事实上，儿子从一年级到六年级，学习成绩一直都不错。他在学校里基本就把作业都完成了，回来再做半个小时左右，从来没有超过晚上十点。包括周六日，也没见过他做作业。

如果想升职加薪，我们需要理解企业和部门的目标，并共同为之奋斗。如果个人的工作内容与团队的目标不相符，或者没有为整个团队的目标作出实质性贡献，就很难得到同事们的支持，也难以获得升职机会，甚至会产生很多的阻碍。

> **面对目标的时候，我们的情绪决定了"成败"**

我们的情绪对是否能实现目标起着至关重要的作用。正向的情绪能够激发积极的行动和动力，而负面的情绪则可能成为我们实现目标的障碍。

假如你的目标是找一份月入万元、每周工作 5 天休息 2 天的工作。当面对这个目标的时候，你会感到兴奋："哇，太好了！我觉得有这样的工作太开心了，而且我也很愿意去提升自己的能力，更好地服务系统的目标，让自己能在 5 天的工作日里完成工作。"这个目标是可行的。

相反，如果你想到这个目标的时候，充满了负面情绪，甚至会有担忧："这不行，不可能的。怎么可能有这样的机会？"这个目标达成的可能性就非常小。所以，设定目标时，我们要用正向的语言，把"不"等消极的词汇去掉。拥有积极的情绪，才有实现目标的机会和概率。始终保持一种好的感觉，不断调整和改进自己的策略，才有可能实现目标。

二、激发可达成目标的动力

设定目标以后，还要找到持续的动力，以确保目标可以达成。

> **找到实现目标的益处**

关键在于：这个目标实现或者不实现对你有什么益处？对周围的人有什么益处？

在实现目标的过程中，如果能获得其他人的同意和支持，达成的可能性会更高。

如果目标实现以后，不仅对个人有益处，对团队也有积极影响，那么，在实现目标的过程中，团队成员也会充满动力；如果实现目标以后，对自己和周围的人都没什么益处，大家就不会有改变的动力，而是原地踏步。例如，团队中有人提出了一个可以帮助团队提升业绩20％的方案，相信同事们也会积极响应，那么达成目标的可能性会更高。

没有改变，是因为动力不够。当感受到压力时，才会更有动力去追求更高的收入和福利。

有一位学员的减重效果一直不好，我问她："如果你减肥成功了，其他人会有什么感觉？"她说："我老公就说我胖胖的挺好看。"看，她非常需要先生的关爱，这个关爱是让她保持原有身材的动力。

在一个系统中，他人的肯定和鼓励对于改变和目标达成至关重要。如果其他人对我们的目标持肯定态度，并提供支持，我们会更有信心和动力去实现目标。然而，如果其他人总是用负面的语言或制造阻碍，就会成为目标实现的障碍。

> 时刻关注与目标的距离

建立度量表和细分目标，时刻关注与目标的距离，并根据情况做适当的调整。

在实现目标的过程中，要制作一个度量表，建立细分目标，关注自己距离目标还有多远，并根据情况做适当的调整。度量表可以帮助我们监控自己的进度，了解自己与目标的距离，并及时做出适当的调整；同时，将目标细分成可行的阶段性任务，可以让庞大的目标变得更具体和可操作。

如果想要找一份更好的工作，我要考虑的是，在我现有的工作中，如何提升工作效率，并确保提升绩效。我每天都要专注于让我距离想要的目标更进一步的事情，让我更清晰地看到它。

我们需要寻找多种解决方案，灵活调整计划，以确保顺利实现目标。假设我今天的目标是从广州到达北京，我的最优方案是乘坐飞机，因为高效；如果广州起飞地下暴雨，就改坐高铁；如果高铁买不到票，就改坐普通列车。总之，我会根据交通状况和实际情况做出相应调整，保证最终到达北京。只要有清晰的目标，方法一定有很多。

三、连接能创造机会的资源

在实现目标的路上，我们可能会遇到许多挑战和障碍。其实，这些所谓的障碍实际上是我们留给自己的"面包屑"，帮助我们找到回去的路，发现背后隐藏的资源。

如果要找到一份更好的工作，会有很多障碍。在现有的资源中，基本无法实现目标。这时，我们会陷入思维僵局，导致无法找到更好的解决方案。

要实现目标，我们需要去连接能创造机会的资源。这些资源可能隐藏在我们身边，只是我们尚未发现或充分利用。如果我们能找到一个能够让团队提升50％绩效的工作方法，即使在现有的限制下，我们也能够取得更好的成绩，接近甚至超越原先设定的目标。

> ➤ 所有的障碍都给愿意思考的人准备了机会

在生活中，我们常常会遇到各种各样的障碍和困难。然而，正是这些障碍给了那些愿意主动思考并寻找解决方案的人机会。在我们打不到车的时候，滴滴出现了；当我们外出为手机没电烦恼时，共享充电宝应运而生；当我们不方便收取快递时，菜鸟驿站给我们提供了解决方案。

这些例子说明了一个重要的道理：我们所遇到的障碍只是对我们个人的，并非绝对的困境。换一个人，换一种思维，也许就能找到全新的解决方法，甚至从这些障碍背后获得机遇。

> 我们拥有的很多信息，不一定是资源

所谓资源，是指那些能够被我们有效使用，并在使用后产生价值的事物。仅仅拥有大量信息或联系，并不意味着更多。例如，在微信好友列表中，有些只是泛泛之交。即使某些好友在某个行业里是专家，但我们与其并没有实质性的交流与合作。

如果想要拥有更多的资源，就需要具备一个能力——主动。资源的价值在于我们能够主动有效地运用它们。就像空气和阳光一直存在于我们周围，但如果我们不主动呼吸空气或利用阳光，那它们对我们的价值就相对较低。同样，资源也需要我们主动去创造机会，并积极地对接和运用它们。

当我们拥有更多有价值的资源时，我们就能更好地应对挑战，找到更多机遇，增加成功的可能性。

> 找到自己需要的资源

当我们需要某种资源时，我们可以通过投入时间和费用。我们需要花费一些时间去经营周边、拓展社交圈，获取更多的信息和资源。同时，我们还可以不断调整自己的思维和行为，让自己的能力得到提升，更接近我们设定的目标。

当我们需要某种资源时，我们可以考虑投入一些费用来获取。这种投入不是简单的消费，而是一种投资。比如购买培训课程、参加专业会议、购买专业软件或工具等。这些投入是一种有意义的投资，它们可以帮助我们提升能力，扩展资源，为未来的发展打下坚实的基础。

这些投资可能不会立刻产生显著的回报，但在未来的某一天，它们会以另外一种方式回到我们身边，带来更大的价值和收益。

四、嘉许可实现目标的行为

积极的心理反馈是一种强大的动力，它能增强我们的自信心，激发我们对目标的热情和动力，让我们更加愿意为实现目标而努力。

当我们实现目标以后，要给予自己积极的心理反馈。去做一些别人看来很平常，但自己几乎没有尝试的事情。我们可以尝试以下几种方式：

（1）自我肯定：经常说一些积极的话语，比如"我可以做到""这很有价值"等，来增强自己的自信心和自尊心。

（2）做自己喜欢的事情：看一场期待已久的电影、听一场音乐剧，或者给自己安静的空间进行阅读。放松自己的身心，增加快乐感。

（3）购买物品：买一件心仪已久的物品、享受一顿丰盛的美食等，鼓励自己继续努力。

（4）参与社交活动：参加聚会等，与他人交流互动。

（5）参加公益活动：做志愿者等，让自己感受到价值和意义。

以上是一些可以在行为上嘉许自己的方式，可以根据自己的实际情况和需要来选择适合自己的方式，来提高自信心和快乐感。

（1）实现团队目标是一个复杂的过程，制定可以看见未来的是目标是根本；

（2）目标如同明灯般指引我们前行，是我们为之奋斗的动力；

（3）连接那些能创造机会的资源，学会主动寻求，善于发现身边隐藏的机遇；

（4）在向目标迈进的过程中，每踏出坚实的一步，都值得被赞美。

这四个步骤，是通往成功的钥匙。无论目标是什么，无论困难有多大，我们都能在奋斗的路上收获属于自己的辉煌。

05 建立连接：检验创业成功的标准

2013 年，我的职业生涯遇到了瓶颈，我开始思考是否要离开企业。放弃固定的收入，转身成为创业者，这是一条充满不确定的路。我也曾纠结和迷茫过，但最终还是迎着挑战迈出了这一步。现在，我的收入翻了一番，更重要的是，我有了新的生活。

在竞争异常激烈的职场环境中，也许在未来的某一天，你也会面临着是否要踏上创业之路的抉择，或者你此刻正在思考是否适合创业。如何检验自己是否适合创业，又该如何判断创业是否成功呢？创业是一个人所有连接力的呈现，包括与变化的连接力、与产品的连接力、与服务的连接力、与未来的连接力、与成败的连接力，以及与关系的连接力。

一、与变化的连接力

与变化的连接力意味着要接受和原来不一样的节奏和身份变化。当你打算创业的时候，首先要问一下自己：我能接受变化吗？

> **创业需要面对的第一个变化是收入的变化**

在企业工作时，老板会按时支付工资，这种稳定的收入来源保障了我们的生计，为大多数人提供了安全感和稳定性，这是职场中极为重要的价值。然而，如果要踏上创业之路，就必须具备突破安全感的勇气和胆量，去接受不稳定的收入和充满变化的职业生涯。这种勇气和力量感通常源自一种积累，使你更有力量去接受外界的变化。而当你力量不足时，一旦面对变化就会更需要安全感。

如果你目前有一份稳定的收入，请不要急于做决定，先思考一下可以给自己多长时间去体验创业。如果还背负着很多债务，我建议你慎重考虑，因为这种压力可能会让你错失许多机会。

在我决定开始创业前，我盘点了自己的积蓄是否可以维持一年半的正常经营和生活。如果经过一年半的努力，依然没有办法在市场上存活下来，我就再回到职场。

> **第二是时间和工作环境的变化**

创业需要比职场更多的自律性，因为再也没有老板来督促你工作，也没有人约束你的时间。例如，我今天安排了微课，无论今天有什么突发事件，我都必须按时完成任务，除非有不可控制的情况，比如航班延误等。如果我必须前往另一个城市授课，无论路上发生了什么，我都会竭尽全力确保自己准时出现在课堂上。

➤ 第三是身份的变化

创业后，我们的身份会发生变化。过去，在企业的培训部门，我的工作职责相对清晰，只需按部就班地完成培训任务即可。然而，创业后，我既要做课程开发又要讲课，还要服务学员以及照顾合作方的需求，一个人不得不活成一个团队。

如果你打算开一家奶茶小店。在创业初期，必须做好心理准备：如果没有找到一个合适的人来支持你，自己就是最合适的那个人，要拥有全能的心态，不断训练自己各方面的能力，既要掌握调制奶茶的技巧、收银的技能，还要拥有市场营销的本领以及卓越的客户服务能力。

创业这件事最大的价值可能就是自由，而自由同时带来的是变化。如果想创业的过程更加轻松，需要记住以下两句话：

首先，思维要比变化来得更快一点，当变化来临时，可以更加从容应对；

其次，如果能预见变化，就应该欣然接受它，因为变化之后，会有更好的成长。

每一次变化来临时，我对自己说：这是一个挑战。当我成功应对了这个变化，我发现自己成长了，不仅在思维模式、生活能力、工作能力等方面，甚至收入也有了显著的提升。所以，我也开始享受这种变化的过程。

二、与产品的连接力

创业之前，问问自己有没有产品。与产品的连接力关乎自己的核心竞争力和创业的可行性。

什么是产品？产品是你可以卖给客户的东西，或者是你拥有的可以达成交换的养活自己的能力。例如，如果你喜欢制作糕点，就可以去研发一些创意糕点；如果你擅长手工艺，也可以创造出独特的手工产品；如果你喜欢绘画，就可以将你的绘画技巧转化为客户所需要、愿意付费购买的产品。

在创业过程中，拥有一型具有市场需求的产品是至关重要的，因为创业的核心目标是为他人创造价值。我有一个朋友，她热衷于设计手串。起初，朋友们并不怎么购买她的手串，后来她开始为每款手串设计富有趣味的故事，甚至添加了一些特殊的功能，比如"戴上不同款手串能带来不同的心情"。随着这些独特卖点的推出，朋友们纷纷订购了她的手串。

与产品的连接边包括以下三方面：

> 用产品来盈利，而不是用时间

在创业中，一个重要的策略是用产品来盈利，而不是仅仅依赖个人的时间。每个人的时间都是有限的资源，一旦用来服务一个客户，就无法再用来服务另一个客户，这样就限制了服务的人数，也限制了收入的增长。

例如，如果我把课程设置成微课产品，我就能通过产品本身实现盈利，而不需要再投入额外的时间成本。微课可以被多次购买，可以覆盖更多的人群，从而扩大我的收入。

> 用产品来服务，而不是体力

人的体力是有限的，无法持续地进行高强度的工作，且容易受到身体健康等因素的限制。而且，依赖体力的服务通常无法实现规模化和长期持续盈利。

例如，保姆的工作主要依赖体力，她们通过辛苦付出来获得劳动收入。与之不同的是自动售卖机，它是一种产品，一旦投入运营，便能自行为消费者提供所需产品，无须依赖人力售卖，就可以实现盈利。

创业者应该思考如何将服务转化为产品，以产品的形式提供服务，不仅能够降低人力成本，还可以提高服务效率和灵活性，实现更可持续的盈利模式。

> 用价值来衡量，而不是直接成本

产品是否成功，要用价值来衡量，而不是生产的直接成本。当我们研发产品时，首要考虑的应该是客户需要的价值是什么，而不是单纯依赖价格来吸引客户。客户因为产品带来的价值而做出购买决策，而不会因为销售人员说产品好就盲目购买。

我们能够思考和理解客户的需求，能够创造出真正满足他们期望的产品。这种人性化的洞察力和创造力，让我们在未来能够立足，成为商业竞争中的核心优势。

三、与服务的连接力

什么叫服务呢？服务是指为满足个人、群体或组织的需求，提供一定的价值或帮助的行为或活动，是与客户建立深度连接的桥梁。最好的服务是超越客户预期，比客户更早地洞察到他们的需求。

以海底捞为例。虽然火锅行业竞争激烈，但海底捞通过提供超值的服务赢得了客户的口碑。一次，我和朋友约在海底捞吃饭。来的路上，她不慎摔倒，脚破皮流血了。我们在等位的时候，海底捞的员工第一时间注意到她的伤，二话不说拿来创可贴并帮她贴上。随后，告知我们不用等位，可以直接帮我们安排座位。这样的贴心服务让我们感受到家人般的关怀。

另一个例子是亚朵酒店，它因用心周到的服务而受到客人的喜爱。有一次，我的一个朋友在结账时，服务员询问她对酒店的服务是否满意。她说很满意，尤其赞赏酒店提供的红茶。下次入住时，服务员特意为她提供了四种不同口味的红茶，这样的体贴举动令她深感惊喜。

如果你考虑创业，务必将服务放在首位。优质的服务不仅是一种独特的竞争优势，更是建立长期合作关系的根本。它不仅是企业成功的关键，更是创造持续价值和发展的基石。

四、与未来的连接力

不管我们愿不愿意，未来都在不断向我们靠近，同时也带来了新的挑战和课题。在激烈竞争的环境中，未来的最大竞争者可能是机器。而我们的使命是满足客户的个性化需求，提供更加优质的服务和产品。所以，在面对创业的时候，必须要问问自己：我的产品能否服务于未来？如何实现我想要的未来？现在要采取哪些行动来让我更接近自己所渴望的未来？

我的产品是服务于生命的。对生命而言，未来绵绵不绝。我需要思考的是如何能服务每个生命，让每个生命都拥有轻松、满足、成功、快乐的人生和未来，让这个行业更加长久不衰。

如果要和未来相关，就要和这个词——创新交朋友，因为这是未来的特点。社会的进步和技术的发展，必然会带来新的需求。只有通过不断创新，我们才能推出更符合时代潮流和客户期望的产品。产品的创新能够提升我们的竞争力，赢得更大的市场份额。在不断变化的未来中，只有持续地关注客户需求、不断创新，提供优质的产品和服务，我们才能建立稳固的未来之桥。

五、与成败的连接力

每一次成功的背后都伴随着多次的挑战和尝试，甚至是失败。所以，创业是不断与"成功"和"失败"做朋友。

我也经历过失败，但我不认为它是个失败，它只是向我传递了一条重要的信息：这种方式或者我研发出来的产品并不能准确地捕捉到客户和市场的需求，需要转换方向或改变方式。真正的失败只有在我们选择放弃时才会发生。

我与自己达成了一个约定，要和"试错"做朋友。在做一件事情之前，我就做好心理建设：在整个过程中，所有的结果都只是一种反馈，通过这些反馈，我可以了解这个方法或产品是否有效。如果没有产生预期效果，我会迅速调整，并在最短时间内尝试新的方向。如此循环不断，直至找到正确的方向和信息。

这种积极的态度使我不再害怕失败，反而将其视为一个宝贵的学习机会。

六、与关系的连接力

与周围人的关系，包括父母和伴侣，对于创业的成功起着至关重要的作用。关系越好，创业就越容易成功。如果和父母关系不好，甚至有夫妻关系的纠缠，在这种情况下，创业就会像从一个坑跳进另一个坑，充满困难和挑战。所以，在考虑创业之前，要花时间和努力去修复和加强与周围人的关系。如果关系连接不好，就不要着急去创业，先把关系理顺。

与父母之间的和谐关系为我们提供了情感的支持和稳定的后盾，让我们更加自信和有勇气去迎接创业的挑战。与伴侣的关系也至关重要，创业是一条充满不确定性和压力的道路，有一个支持和理解自己的伴侣，会使我们在创业的过程中更加坚定和积极，为我们减轻压力，让我们能够更专注于事业的发展。

创业是一项综合性的挑战，它需要我们展现出多方面的连接力，包括与变化、产品、服务、未来、成败以及人际关系的连接力。只有持续不断地发展和提升这些连接力，我们才能在创业的征程中稳步前行，并取得成功的果实。

04

心智能量：
进阶思维和沟通技巧

在现代社会，人与人之间的互动，体现了彼此的心智能量。在互动的过程中，如果能提升我们的思维，运用营造氛围、接纳变化、推动改变、关注过程、放下假设、直面沟通、创造价值和主动求变等沟通技巧，不仅能够帮助我们在职业和团队中取得更大的成就，还能为我们的人生带来丰富和满足。

01 氛围：营造和谐，唤醒美好

沟通包括单向沟通和双向沟通。

单向沟通的特点是信息发出者无法确定信息接收者是否真正接收到信息，以及接收到多少信息。这种模式可能导致信息不对称和理解偏差，甚至产生误解。

相比之下，双向沟通是一种更为有效的沟通方式，包含了接收者对信息的理解和回应。双向沟通才能确保沟通效果，更能关注未来，最终达到"我好、你好、大家好"三赢的目的。要实现良好的双向沟通，必须要创造一个和谐的氛围。在这样的氛围下，人们更愿意开放地交流，表达自己的观点，而不必担心受到批评或否定。

一、和谐是有效沟通的前提

沟通前营造出积极的氛围，将直接影响沟通的效果以及沟通的发展方向。

和谐的氛围是有效沟通的前提。如果没有一个好的开始，很难获得良好的效果。即使表达了重要的观点或信息，也可能因为受到负面情绪的干扰而无法被对方真正理解或接纳，难以达成共识，交流往往会陷入困境。

> ➢ 和谐，是为成功的沟通做准备

　　和谐的氛围使得每个人都感到舒适和自在。想象一下，当我们在咖啡厅聊天时，周围的人们彼此友好相处，没有争吵和压抑的气氛，这样的环境会让我们更加放松和专注于交流，让彼此的思想更自由地碰撞和交流。如果身边正好有两个人在吵架，我们会觉得浑身不自在，导致我们无法安心交流。

　　如果环境不适宜、对方不愿意交流，或者自己还没做好准备，无论说什么都可能会产生负面效果。尽管我们很渴望与对方进行沟通，但因为上次发生争执，现在察觉到对方不想沟通，就必须调整时间和方式，否则必然言多必失。

　　在电影《大话西游之月光宝盒》里，至尊宝第一次见白晶晶时，就是在一个月光皎洁的夜晚，双方都怀着对恋爱的期待。至尊宝用心地打扮自己，营造了一个温馨的沟通氛围，这让两人的交流更加愉快和顺畅。

　　在现实生活中，女生也会很在意与约会男生的第一次见面。出门前，会注意自己的仪表打扮，并选择一个便于交流和沟通的环境。如果选择在嘈杂的菜市场作为第一次见面的地点，会让交流变得困难和尴尬。因此，选择合适的地方也是对对方的一种基本尊重。

　　同样，在职场中，营造良好的沟通氛围也是至关重要的。如果要召开一个重要的会议，组织方会选择一个正式的场所，以确保会议的效果和专业性；如果要参加面试，应聘者也会精心打扮，调整出最好的状态，以充分展现自己的实力和优势。

> 和谐，是为"方法"打基础，是对彼此的尊重

和谐不仅指环境，还包括语言模式和对方的需求。我们需要提前了解对方，包括了解他们喜欢在什么样的环境中以及用什么方式进行沟通，甚至要了解他们的语言模式。如果遇到问题或出现状况，我们需要灵活调整沟通方法。

人的大脑只有在一个和谐、平静的氛围中才能进入思考和理性的状态。如果环境不和谐，情绪波动较大，大脑会受到干扰，可能导致沟通方式不当，表达不清，甚至说出与真实意图相悖的话语。例如，当一个人在生气时，很可能会说反话，虽然本意是希望与对方关系更好，但由于情绪激动，却产生了相反的效果，让对方更加愤怒。

在职场中，上下级之间的沟通尤其常见。下属应该提前理解双方的沟通方式和习惯。如果能够与上级进行顺畅的沟通，上级会愿意提供更多资源来支持下属的工作。

> 和谐，是下一次沟通的开始，也是最后的底牌

有一位母亲说，孩子慢慢长大以后都不太想跟她聊天了。宝宝在很小的时候可能会听从父母的安排，但随着年龄增长，他们逐渐形成了自己的主见，开始意识到自己的感受，就会有这样的情况。

也有些人，交流过一次以后，我就不想再见了。因为在和对方沟通的过程中，让我感受到了不好的氛围。所以，营造和谐的氛围是下一次沟通的开始。

➢ 和谐，是智商和情商的体现

沟通是一种复杂的技能，体现一个人智商和情商的平衡。如果一个人沟通时还处于"内在小孩"的状态，确实很难实现有效的沟通，通常更希望别人来了解他们，而不太愿意主动去了解别人。成人的沟通态度意味着我们不仅关注自己的需求，也愿意投入时间和努力去了解对方的感受和立场。

我们在几秒钟或几分钟内对对方形成第一印象。一旦形成第一印象，它会对我们之后的认知和行为产生影响。第一印象对建立信任感和亲近感有着至关重要的作用。一个积极、友好和有吸引力的第一印象可以增加与他人的联系和亲近度，我们思考、组织语言，开启了有效的沟通模式；而一个消极、冷漠或不信任的第一印象可能导致疏离和障碍，引发不良的情绪。

学习表达是一个漫长而复杂的过程。从出生开始，婴儿通过模仿和听觉来获得语言能力，并通过锻炼面部的肌肉，逐渐掌握发音和语调；通过与家庭成员、同龄人和其他人的交流，产生理解能力，并不断地实践和调整自己的表达方式；随着语言能力的发展，他们才开始学习语言的规则和结构。

一个人的能力在很大程度上体现在沟通能力。核心是他能否用多种方式准确地表达自己的真实意图。

只有和谐的氛围才能使双方感受到放松和安全，从而不需要启动自我保护机制，真正实现双方之间智慧、心灵和感受的交流。和谐氛围是唤醒对方美好回忆的关键点，而这个关键点将决定接下来是否有机会继续沟通下去。如果能够营造和谐的氛围，不论是通过电话、微信，甚至只是一个眼神或一个手势，都能有效地表达意图。

二、双向是基本的沟通方法

沟通是从见到沟通对象之后才开始吗？答案是否定的。

见到对方之前，沟通已经在我们的心里开始了。我们在心里构建了对方的形象和身份，记起对方留给我们的第一印象，以及过往交流。这些可能会让我们感到愉快，也可能会让我们感到厌烦。试想一下，如果我们对某个人产生了负面情绪，怎么可能在接下来的沟通中营造好的沟通氛围呢？

沟通的方式有面对面沟通、电话沟通、微信沟通或书信往来沟通等。重要的是我们如何看待自己和对方，以及如何组织语言文字，从平等信息交流的角度去沟通。平等的信息交流意味着我们愿意聆听对方的信息，而不是单方面地表达自己。

"沟通"的本意是有效地传递自己的信息，但有时候也会陷入不良的沟通模式中。

➤ 第一种，不用语言表达，只有内心戏

这并不是一个良好的沟通方式，除非是想结束这段关系。如果我们不理睬对方或保持沉默，长此以往会产生心灵上的隔阂，关系也会逐渐疏远。

现实生活中，当两个人沟通出现问题的时候，第一个想法就是不想看见对方，就算遇见了，也当没看见。这样反而更容易激化矛盾，没有任何沟通的效果。

在亲密关系中，不沟通和不交流是最麻烦的，因为没有沟通就无法了解对方的想法和感受。有些人很想与对方沟通，却不会主动表达，一直保持沉默，内心却期待对方主动靠近。如果对方并没有行动，就会一直处在情绪中。对于自己在意的人，可以迈出第一步去沟通。

沟通需要双方共同交流，包括情感的交流、语言的交流，甚至肢体语言的交流。在亲密关系中，肢体语言往往能够更有效地表达情感和缓解氛围。比如产生分歧之后，给对方一个眼神或者拥抱，比语言更能缓解氛围。

➤ 第二种，表达出来的语言不是内心真正想说的话

在这种情况下，我们可能因为照顾对方的感受而说出不符合内心真实想法的话语，或者不想让对方了解自己真实的想法。这种沟通模式会导致沟通的效果不佳，甚至产生误解和不满。

例如，同事邀请我一起看电影，我内心并不想去，但为了不伤害对方的感情，我还是答应了。然而，在整个过程中，我心里却一直盼望电影早点结束。这样的氛围自然不会好。

在沟通中，真诚和坦率是很重要的。只有通过真诚地表达自己，才能建立更深入的交流，促进关系的增进和发展。

➤ 第三种，用语言坦诚表达内心真正的想法

这种表里如一的沟通方式是最理想的沟通方式，沟通双方允许彼此在安全的环境中坦诚地表达自己的想法和感受，这样沟通才会产生积极的效果。在这种沟通方式中，双方都愿意倾听对方，理解对方的观点和感受，而不需要隐藏自己，也不会用虚伪或伪装来应付对方，这样更有助于建立信任和亲近感，让彼此更加了解对方，进而提高沟通的效果。

当我们的亲子关系出现问题的时候，要问一问自己，是否真的允许孩子什么都表达给你听呢？如果真的允许，亲子关系就会更加融洽

和谐。

吵架，也是一种沟通方式，即表达自己的不满，或者是对对方言行的不接受，表达了双方的情绪和观点。吵架并不是一种理想的沟通方式，因为它往往加剧了矛盾和敌意，使双方陷入情绪化的状态，就更难积极地寻找问题的解决办法。吵架时的话语、声音、声调及身体语言，都是为了表达情绪，常常伴随着攻击性的言辞。

> 第四种，用沉默去表达"我不愿意与你沟通"

沉默传递了一种拒绝或不愿意交流的信息，强调了单向沟通，是一种自我沟通的方式。这样的沟通方式如冥想式的沟通，不需要外界的回应，只需在自己的思维和情绪中自我探索和沟通。有时候甚至在内心自编自导自演了各种情景，就是不愿意主动发起沟通。

过度使用沉默可能会产生负面影响。当沉默被用来回避问题或者避免面对情感和冲突时，可能导致沟通障碍和疏远。在某些情况下，沉默可能被误解为冷漠或不关心，进而加深了关系的紧张程度。

三、有效沟通的原则

有效的沟通建立在相互尊重和理解的基础上，双方不仅可以有效地表达自己的意见和想法，而且也愿意倾听对方的观点和做出回应。虽然期待对方接受自己的意见，但双向沟通并不意味着对方一定要完全赞同。对方愿意进一步了解自己的意思，或者提出自己的意见，都是良好的回应，因为这表明对方有沟通的意愿。所以，有效沟通的前提是，彼此允许对方在说话的时候拥有表达的空间。这种态度体现了对生命最基本的尊重。

一位学员曾经提问说："如果有人说了一些话让我非常不开心，我应该怎么办？"李中莹老师回应道："谢谢你跟我分享你的看法，再见。"这句话传递出的信息是：虽然对方说了一些令人不满的话，但这是他表达观点和看法的自由。如果不想让自己难受，只需简单地与这种环境说声再见，远离就好。

如果我们真的在意与对方的关系，就应该给予对方表达的空间，但这不意味着我们必须要同意对方所有的观点。在人与人之间的交流中，当我们允许和接纳他人时，他人也会更愿意去接纳和理解我们。一位大学老师与我们分享了他的经验，作为老师，他认识到需要接受"00后"的学生的思维模式和语言模式。如果老师都不能接受学生，又怎么可能期待学生愿意坐在教室里认真听老师讲课呢？难道只是因为"老师"的身份吗？

接受是一种发自内心的真诚的态度，而不是口头上的说辞。虽然双方的意见可能不同，但只要愿意尊重对方的观点，给予彼此交流的机会，有效的沟通就有可能出现。只要有交流的机会，双方就有可能达成共识，有效沟通的真正实现就成为可能。

真正的有效沟通，要符合以下三条原则：

第一，有效是指沟通的过程中是否能让双方的未来更加轻松、满足成功和更加快乐，同时是否能达成结果，符合三赢的标准，就是我好、你好、世界好。

第二，是否在过程中给予彼此更多的选择和机会。如果只要求对方接受自己的观点，或者自己只能接受对方的观点，都不是有效的沟通。一些父母常常打着"沟通"的标签与孩子谈话，但其实并没有给孩子更多的选择和机会。

第三，双方都对发起下一次沟通有期待并且愿意继续。就像合作一样，如果这次合作愉快，双方都愿意继续合作；如果这次合作不愉快，所谓的沟通只能到此为止。

所以，有效沟通，需要面向未来，实现三赢；增加更多选择和机会；双方愿意继续交流。遵循这些原则，沟通才能更加顺畅、有建设性，关系也会更加融洽和谐。

小结

沟通是一个信息输出的过程。彼此之间不能很好配合，就没有办法想到好的办法去解决问题。

实现这个目标，前提是需要我们营造和谐的氛围，保持平静、舒适和轻松的环境，才能让大脑想到更多的沟通方法和解决方案。如果沟通的氛围不好，对方可能会感觉不舒服，甚至觉得没有真诚交流。

营造和谐的氛围能够激发内心的积极力量，促进情感的交流与连接，使沟通更加顺畅，为下一次的沟通留下美好回忆。

02 灵活：接纳变化，适应不同

　　每个人都是独一无二的，甚至在短短两分钟内，我们的状态也可能完全不同。因此，我们的沟通方式需要保持灵活，不能僵化不变。我有个朋友很喜欢玩拼图，他说拼图可以训练自己的专注力，还有助于减轻压力。我很好奇地问："为什么不玩手机游戏呢？"他解释说："手机游戏变化太快，我难以跟上节奏，而拼图可以让我更放松。"

　　我们都希望沟通能像拼图一样简单明了，有一个固定的模式，只要按这个模式，就一定能拼成为一个完整的图案。然而，我们生活在无时无刻不变化的环境中，而且每个人的思维也在不断发生变化。在交流的过程中，也许会有碰撞，甚至擦出火花，最后的结果，也许能达成某些共识，也许双方都不能接受。因此，沟通是一个动态而非静态的工作模式。如果我们期待沟通的过程保持不变，就完全违背了发展的要求。

一、世界是向着未来动态变化的

　　这个世界是一个动态变化的世界。如前文所说，"动（动态的）"

"变（变化的）""前（向着未来的）"是系统的动力，所以，整个世界也是朝着未来不断动态变化的。

前不久，我与一位中学老师交流。他渴望突破自己的教学方法，但又担心新的教学方法不能达成教学目标。我能感受到，他的思维模式已经被定式化的备课教案所束缚，他的大脑仿佛也为教案而存在。世界在变，如果老师们的教学方法不改变，必定会影响学生的发展，进而影响社会的进步。

近十年来，无论是个体还是企业，都对线上销售越来越关注。如果一个企业还没有意识到互联网销售对未来的影响，那就没有跟上市场的变化。有一位朋友也陷入了如何通过互联网销售产品的困惑中。我对他说："那就去学习呀。"他回答说："我不知道从哪里开始学，我害怕，因为以前没学过。"

世界是动态的，如果我们无法阻挡变化的进程，也无法改变这种动态的节奏，唯一能做的就是迅速提升我们的思维模式。无论我们是否愿意接受，世界总是向前走，总是朝着未来前进。如果我们试图用僵化的静态思维模式来应对这个不断变化的世界，我们将无法适应其变化。世界不会因为我们不变，就停止变化的。

如果真的有一天，我们现在的工作被机器或其他人替代，我们是否还能拥有其他的生存技能呢？如果有一天我不再需要进行讲课，或者说市场不再需要我的课程，我可以烹饪或者做设计师。如果你还没有其他技能，那就请从现在开始培养吧。

二、信念系统决定每个人"看"世界的方式和角度

为什么面对同样的事，不同人的分析判断能力、反应速度以及决策

的速度会不一样呢？因为我们有不同的信念系统，当外界发生事情后，我们的第一反应是通过信念系统来做筛选。

第一章已经详细介绍过信念系统包括：信念、价值观和规条。信念系统就像是大脑里的安检系统，所有的信息都会首先通过这个系统进行过滤，然后才能进入我们的意识。信念系统决定接受或是不接受信息，以及用何种方式接受它，还会评估是否有好处，以及之后应该做出什么反应等，这一切都受到我们大脑中信念系统的控制。

我们大脑里的信念、价值观以及规条，几乎是同时存在的。每个人从出生到现在，眼睛看到的、耳朵听到的、经历过的所有事情，都会不断地被翻译成信念系统。存档之后，下一次会被再次提取和使用。

我们是否愿意与他人进行沟通，以及沟通过程中的情绪，都受到我们信念系统的影响。而每个人的信念系统都是独特的，即使是在同一个家庭长大的孩子，他们的信念系统也可能各不相同；甚至同一个人在不同的时间点、不同的环境中，也可能持有不同的信念系统。这就不难理解，为什么大家都接受的计划，唯独其中一个人不肯接受。

沟通是两个人大脑信息的碰撞和交流。如果我们试图向一个完全没有接触过手机的人解释无线网络是如何运作的，对方可能无法理解。因为我们的沟通只能运用对方大脑中已有的信息，就像我们不能与井底之蛙讨论大海一样，因为它一直待在水井里，根本不了解大海是什么。

沟通中常常会发生冲突，是因为双方不能接受彼此的观点。然而，如果我们无法接受对方的存在，沟通的空间就会消失，和谐的氛围就会破裂。所以，当我们发现对方与我们有不同观点时，首先要允许这些观点的存在，去接纳对方的观点。每个人来到这个世界，都有资格用自己的思维模式进行沟通。如果我们不容许他人有其他想法，特别是在管理中，例如，上级对下级，就会让人产生强烈的被操控感。

面对不断变化的世界，我们的大脑也会随着时间推移而发生变化，只是我们常常忽略了这种变化而已。如果我们还在用20年前的思维模式去应对这个日新月异的外部世界，每天都会感到非常辛苦；如果我们的大脑能够跟上这个世界的变化，或者至少能够接受这个世界的变化，我们的焦虑就会大大减少。

　　当沟通出现问题时，我们常常会说："他以前不是这样的，以前不会这样对我。"我们要意识到，对方的思维模式已经发生变化。我们并没有能力去收集他每天24个小时所积累的所有信息，也无法完全理解他的大脑是如何处理这些信息的。因此，我们唯一能做的就是接纳他大脑的思维模式，这样才能在沟通中建立一个空间。整个世界都在发生变化，彼此的大脑也都在发生变化。如果我们还期待回到过去，这是非常难的。我们只能关注当下，面向未来，去观察正在发生的事情。

　　每天发生在我们身边的每一件事，都会影响和调整我们大脑中所存在的信念系统，因此，基本上没有一个人能够停下来，保持完全不变。既然每个人都在持续变化中，我们与每一个人的沟通模式就不能一成不变。

　　在不断变化的过程中，我们会不断地了解和学习。例如，我们看一本书，第一次看和第二次、第三次看的感觉是不一样的，每一个文字在大脑里被理解和被翻译存档之后所产生的效果也会有所不同。学习的真正意义和价值并不在于大脑里拥有多少文字信息和知识量，而是这些知识是否能在生活中产生实际的效果和应用。我们经常听到这样的说法："学了那么多，却依然过不好这一生。"这实际上是指大脑变成了一个移动的硬盘，只是存储了大量资料，却没有好好应用这些知识。

　　电视剧《琅琊榜》中的角色梅长苏，是一个真正的沟通高手。他运用自己的智慧巧妙地对付各个对手，甚至影响整个朝廷。他不需要动用大量军队或武力，而是凭借出色的沟通技巧，能够改变每一个人的思维和信念。在沟通的过程中，他深刻了解每个人的信念、价值观以及行为方式，从而能够掌握更多资源和信息。他的灵活性使得他能够根据不同情况设计出有效的对话和行为模式。

有个朋友曾经跟我说："沟通就像两个人跳交谊舞。"真正的沟通高手是那些脑子里信息足够丰富的人，不管跟谁沟通，不管对方发生什么变化，他们都能准确地了解对方的需求和意图，以及未来可能的变化。

对于普通人来说，我们可以通过学习和实践，不断提升自己的沟通技巧，增强对他人的敏感度和理解力。只有具备高超的沟通能力，我们才能更好地与他人交流合作，获取更多资源，同时在个人和职业生涯中有更加出色的表现。

三、应对沟通中变化的思维能力

沟通是一个非常复杂的过程，那些拥有强大智慧的人往往能够在其中灵活应对，创造出许多机会，并且在这个环境中拥有更多资源，从而立于不败之地。相比之下，沟通能力较弱的人可能需要先调整思维模式，才能更好地组织语言和有效地沟通。

想要在沟通中应对不断变化的情况，我们需要具备一些特定的思维能力，其中有三点尤为重要：

➢ 第一，调整内在的信念系统

沟通并不仅体现在语言文字的外在表达，也呈现在我们的信念系统。我们对事物的理解、态度和观点，都源自这一套信念系统。如果我们希望在沟通中产生积极的变化，首先要调整的不是语言表达，而是我们内在的信念系统。

在我们试图改变时，往往会出现一些局限性的信念。这些局限性信念最明显的特征，就是在我们的言语中出现"没、不、难"等字眼。这些词汇会导致我们陷入停滞状态，不再探索其他可能性。

当阅读到这一页内容时，也许你会觉得很难，而且认为自己做不到。当有这样的想法冒出来，一定要及时抓住它，不要回避或忽视，并且可以给自己一些正面的反馈和奖励。为什么这样做呢？因为抓住大脑的这种套路实际上是一件相当有挑战性的事情。当我使用一次"难"的字眼时，我意识到这个情况，并决定对自己进行一番嘉许。通过这样的方式，我们能够更清楚地听到和认知自己行为模式中的特点。只有拥有决策能力，我们才能有改变的能力。

➤ 第二，勇敢尝试

成功＝勇敢尝试×次数。

尝试之前，我们并不知道最终的结果会如何，可能带来成功，也可能会面对失败。勇气就是敢于接受不成功的可能性。每一次尝试都是一个学习和成长的过程，不管结果如何，我们都会从中获得经验和教训。

➤ 第三，把每一次的沟通当成玩游戏的过程

这个游戏的通关目标是：每次至少发现对方三种喜欢的沟通方式，然后用这些方式与对方沟通。在玩游戏的过程中，不断改变自己的沟通方式，今天可能是这样，明天可能又是那样。游戏的终极目标是：让对方愿意与你继续下一次的沟通。

这个沟通游戏的乐趣在于把每一次沟通当作自我成长的过程。通过不断地观察、学习和尝试，我们提高了自己的沟通技巧和灵活性；同时

不断挑战自己，突破旧有的沟通局限，拥抱变化。在这个游戏中，每次的沟通都是一次进步。

四、增加灵活变化的方式

在沟通的过程中，为了增加灵活变化的方式，我有几个建议提供给大家：

> **第一，在身份上做调整**

在沟通中，我们应该允许对方拥有必要的权利，并给予其观点存在的空间。不论对方的观点是否与我们的信念系统相符，首先要尊重对方的权利，让他们表达自己的想法。这样营造的良好氛围能够使得沟通更加顺畅。

> **第二，认同对方所在意的价值**

在沟通的过程中，我们需要了解对方为什么会有这样的观点，并且尝试增加对方所在意的价值。以孩子喜欢打游戏为例，我们可以探究在打游戏的过程中，孩子获得了什么价值。也许在游戏中，孩子能够体现自我存在的价值感，感受到胜利的喜悦以及被认同的快乐感。

我们可以思考，在学习过程中，孩子是否也能收获类似的价值体验呢？如果没有，我们可以通过增加哪些方式让孩子在学习中获得类似的结果呢？

> **第三，73855 沟通密码**

这是心理学家阿尔伯特·麦拉宾在 20 世纪 50 年代提出来的经验法

则。该法则指出，在情感色彩较丰富的沟通中，信息的传达并非仅靠语言文字，而是更多地依赖非语言因素。

情感信息的传递在以下几个方面：

7％的信息通过语音传达：意味着只有7％的信息是通过文字、语言来传递的，包括言辞、词汇和语法等。

38％的信息通过语言传达：意味着有38％的信息是通过语气、声调、语速、音量和韵律等声音因素传达。这种表达方式可以影响人们对信息的理解和感受。

55％的信息通过面部表情、身体语言等传达：意味着55％的信息是通过面部表情、身体语言、姿势、眼神接触、手势等非语言元素传达的。人们的非语言行为可以传递出情感、态度和意图等重要信息。

有些人在线上聊天经常会使用"亲"或者"亲爱的"这样的称呼，这些能体现语气语调的词很容易拉近彼此的距离，让彼此的情绪有所变化。线上聊天无法看到肢体语言，但是，即使文字内容相同，如果在文字后加入一些表情图，也能给对方完全不同的感受，特别是动态的表情包，能够更加生动地表达情感，让沟通更丰富有趣。

此外，我们的语音和语调可以直接反映出潜意识里透露的情绪。电影《撒娇女人最好命》里，三位演员分别用不同的语音和语调表达"讨厌"两个字，展现了不同的情绪。只要我们调整自己的情绪，就能让对方感受到语音和语调的变化，然后判断接下来用什么样的方式沟通。

不论你是否愿意，你本人是在不断发生变化的，而你周围的每个人也都在经历着变化。在这个不断变化的环境中，我们能做就是提升自己应对变化的能力，至少要接纳变化；如果能让自己变得比这个世界稍微快一点，沟通起来会更加容易。

在每次沟通中，千万要学会放弃。所谓放弃就是不要坚持使用一成不变的固定模式来沟通。当你发现之前的沟通方式变得无效时，应该立即尝试换一种方法。沟通的过程也是验证哪种方式最有效的过程。如果沟通的氛围变得越来越好，对方越来越愿意接受你，那一定是有效的。如果对方越来越不舒服，你的情绪越来越激动，甚至不想再与他交谈，那就需要调整沟通方式了。

小结

沟通是一门艺术，需要我们持续学习和不断提升。只有拥抱变化、灵活多变，我们才能在人际交往中展现出更高的智慧和成熟，建立更加良好的人际关系，并在日常生活中取得更多的成功。

03 推动：拒绝操控，增加选择

我们不能强迫他人接受，对方是否愿意与我们沟通，取决于个人的意愿。我们总是想用我们的想法影响对方，然而，对方往往会根据自己的信念来做出选择。如果他的观点恰巧与我们相符，就容易达成共识。

一、破坏沟通

我们常常在不经意间采取了一些破坏沟通的"好"办法，使得交流变得不太顺畅。以下是一些可能会导致沟通障碍的行为和做法，值得我们注意和反思：

➤ 第一种：用自己的想法和标准去要求对方

当我们说"你不可以这样"的时候，这有时甚至是强人所难，对方就会放弃沟通。特别在家庭环境中，如果我们常常对伴侣说这样的话，容易因此而产生隔阂。更有甚者，当伴侣不愿意沟通以后，就把焦点转移到孩子身上。

有时候，伴侣需要安静的空间来冷静思考，如果我们不断追问发生了什么事情，就会扼杀了对方的私人空间。我们可以采用更尊重和包容的方式来表达自己的观点和需求。例如，可以说："我希望我们能够互相理解，能否和我分享一下你的想法？"或者"如果你需要一些时间来冷静，我会尊重你的感受，等你准备好了再和我谈也可以。"

➤ 第二种：替对方做决定

我们常常借着一个看起来正面的动机，代替对方去做决定，甚至期待对方能接受这个结果。表达为："我为你做了最好的安排……"

例如，个别家长为孩子安排了所有的人生过程，包括读书选哪个学校、选哪个专业，毕业之后选哪份工作，甚至选什么样的伴侣。看似出于关爱和保护，但实际上可能会剥夺孩子的自主性和独立思考能力。家长们为孩子打造了一个非常漂亮的水晶宫。在这个过程中，孩子被设定不必体验挫折和失败，而这些挫折和失败其实是不可或缺的一部分，是培养一个人的坚韧和适应能力的重要经历。

电影《功夫熊猫》讲述了一只笨笨的熊猫立志成为武林高手的故事。阿宝的养父开了一家面馆，所以，他为阿宝规划的未来也是继承他的面馆，成为一名厨师。然而，阿宝最大的梦想是成为武林高手，他渴望有朝一日能够在功夫的世界里与明星级的大人物进行一场巅峰之战。阿宝的内心充满了对武术的憧憬和热爱，不顾养父多次劝阻，在一代宗师的调教下，终于习得非凡的武功，战胜了坏蛋，拯救了山谷，实现了自己的梦想。

可是，个别父母给了孩子太多他们自己的想法，而没有给孩子更多实现他自己梦想的机会，孩子缺乏自主选择，影响到孩子独立思考、自我决策和沟通能力。有些人年过30才发现自己从小到大都为了实现父母的期望而活。终于有一天，他们意识到要做回自己，去实现自己的梦想和愿望。

这种决定对人生来说有着非常重大的意义，是重新认识自己、追求内心真实需求的重要转折点。

> 第三种：否定或责怪对方

否定或责怪对方是一种不利于建立积极关系和有效交流的消极做法。表达为："你怎么总是不改变，没有成长！"这样的表达可能伤害对方的感情。当我们用这样的语言指责他人时，实际上是在表达自己的不满和不理解。

不能只在意自己想要什么，而不注意对方想要什么。当我们用这样的想法去跟对方沟通的时候，情况就会不一样。如果把对方摆在对立面，沟通的效果和沟通的过程一定是非常不愉快的。当对方不接受的时候，我们就会埋怨对方，认为对方辜负了自己的一番"好意"，甚至会责怪他不爱惜自己。

有一个非常重要的朋友身体健康出现了一些状况，我听到以后很揪心。在很长一段时间里，我觉得压力非常大。虽然在这个过程中，对方并没有邀请我为她去完成一些工作，只是出于所谓的关心，我试图以各种方式去改变对方的想法。然而，我越想改变对方的时候，我自己反而越感到无力。

终于有一天，我突然意识到了，一旦我觉得我的想法更好，她的想法不好或不对的时候，我的姿态就会比她高出来很多。这种我高她低的姿态，导致沟通的过程很不愉快。后来我调整了自己的想法，完全尊重她的选择，也尊重她的状态。这是她的权利和选择，她其实比我更加坚强和有力量。

二、信念系统"坏"中有好,"好"中有坏

每个人的沟通方式和信念系统都不一样。如果我们一味地用自己的想法去强加于他人,这种做法往往会破坏沟通的过程,导致不理想的效果和结果。

我们不能用我们自己觉得好的方式去对待对方,而要用对方觉得好的方式来对待他。在电影《功夫熊猫》中,师父带了五个优秀的徒弟,每个徒弟都有各自的天赋和长处,并且都受到了很好的训练。然而,他发现之前对其他徒弟行之有效的训练方法对熊猫却不起作用,尝试了很多办法,依然没有取得成效。于是,他对熊猫进行了评判,认为熊猫不适合练武,准备让他离开。然而,在意外的情况下,他发现熊猫的潜能被某种特殊的动机激发了——只要有东西吃,它就会展现出惊人的能力。尽管这种方法在师父看来并不是一个优秀的训练方法,但对于熊猫来说却是非常有效的。

人的大脑存储了当下以及过去所有的信息,然后整合这些信息来对未来做出判断,并猜测某种做法对自己是有利的。然而,这种"好"的判断并不是当下就能实现的,只是一种猜测,而且即使对于我们来说是"好",对于对方来说未必能够体验到相同的好处。就像我喜欢吃榴梿,觉得榴梿香甜可口,可以美容养颜,还可以提高免疫力,但是不喜欢吃榴梿的人就完全不能接受,无法从我们的描述中调动出"香甜可口"的感觉和体验。

每个人对未来的判断都只是一种猜测,而未来由自己做决定。如果我们想给对方建议,也需要在他的决定之下。比如,我会给学员讲微课,大家来听课,所有的信息都要经过信念系统筛选,由学员决定是否

愿意相信，最终才能推动规条。

每个人都被自己的信念系统所操控，每个人都需要为自己的人生负责。信念系统就像每个人心中的"套路"，它由我们过去的经历、学习和信仰所塑造，影响着我们对世界的看法和行为方式。如果要实现有效沟通，了解对方的看法和行为方式是至关重要。

我们可以采取一些方法来推动对方改变。

改变不是从外在开始，而是从了解开始。要让他人接受我们的想法，要深入了解对方的信念系统。这需要我们用开放的心态去倾听对方，尊重对方的观点和感受，并试图理解他们的思维方式和价值观，与对方建立深入的连接。

三、增加、转移和复制"价值"，推动就会发生

推，是指我们要去创造和发现对方的思维模式以及用哪些方式可以让对方增加选择；动，在于让对方感觉好，让对方感觉价值在增加。每个人做每件事的价值，无外乎是期待对自己有利、被尊重、被接受和被爱。

我们的大脑中储存了许多套路和模式，这些都是通过训练和经验形成的。如果我们希望在沟通中拥有新的体系和技巧，就需要刻意训练和学习。

我们可以通过以下四种方法来练习：

➤ 第一，要经常摁住暂停键

在训练沟通思维的过程中，我们要经常摁住暂停键。比如，当我们意识到马上要说出"你要听我的""我是为你好""你这样真的让我很寒心"等这些破坏沟通的话语时，就马上喊停。只有在喊停的那一刻，我

们才会有机会继续进行有效的沟通。

喊停不意味着放弃沟通，而是为了给自己一个冷静的时刻，反思自己的表达方式是否适当，是否能够达到预期的效果。在喊停的过程中，我们可以选择用更加有效的沟通方式，例如，倾听对方、表达尊重、寻找共鸣点等，以达成更好的沟通结果。

➤ 第二，要同意对方的说法

同意对方的说法，是指同意对方的观点、信念和价值观，并习惯性地多次表达认同，认同次数至少要六次以上。这种方法的有效性在于它能够打破对方可能存在的防御心理，使对方感到被尊重和理解。

有一次，我做错事情了，老师批评我说："你这个课程怎么能这样做呢？"我当时就向老师认错说："徐珂这个人做事太马虎了，不能这么干，我回去会好好批评她。"然后老师也莞尔一笑。

当我们能够完全认同对方的观点时，沟通的氛围会更加轻松和融洽，习惯性地认同对方是表达尊重和理解。

➤ 第三，发现对方在意的价值

这是一种积极的沟通技巧。通过仔细倾听和观察，我们可以发现对方内心真正在意的价值。在每次的沟通中，至少要发现五个以上。

当我们清楚了解对方在意的价值以后，就可以适时调整我们的沟通策略，以更好地与对方的价值观相契合。这有助于加强与他人的联系，增进彼此间的理解和共鸣。

➤ 第四，一起创造更多的好处和方法，让对方做选择

如果想达到良好的沟通效果，至少要给对方提供三种以上选择，而

不是只有一个。只有一个选择时，容易引起反感或抵触。如果我们能够提供多个选择，就给予了对方更多的自主权，使得他们能够在多个选项中做出自己的决定，这样沟通的效果和沟通氛围才会更好。

在沟通中没有抓住关键点，或者语言表达不够清晰，就可能导致误解，反而给自己埋下了很多雷，把自己逼到了一个死角，与对方的关系也越来越差。

小结

要改变一个人的想法，就像试图改变一棵成熟的参天大树的生长方向一样。人的信念和想法往往根植于他们的成长经历、文化背景、教育和价值观，形成了一种牢固的思维模式。

我们只有学会尊重他人的观点，努力去发现对方信念和价值观背后的真正意义，从而为他们提供更多的选择和可能性，让沟通成为一种平等而自由的互动，才有可能推动对方改变。

04 回应：流动自由，关注过程

沟通的意义在于对方的回应，强调的是，我们所说的话是否能产生效果。当得到对方积极的反馈时，我们会感受到被尊重和重视。当我们试图与一个我们在意的人沟通，而对方却一直不回复我们的微信，电话只能听到忙音，我们很可能会感到情绪激动。因为我们需要通过对方的回应来确认我们之间的关系，或者证明自己的存在。相反，如果只是与对方萍水相逢，我们不会因为对方没有回应而产生过多的情绪。

一、回应是彼此真实对待的表现

回应是人际沟通中最基本、最重要的表现方式。回应不是简单地对对方的信息做出反应，而是要在过程中传递真心实意，表达相互的重视和认同，从而获得他人的信任。

当我们渴望与对方有信息交流却没有得到回应的时候，内心往往会涌起一种情绪。例如，当我们去餐厅用餐，询问服务员是否有座位时，服务员没有回应，甚至没有给予一个眼神。作为客户，我们可能会生气，认为这样的服务是难以接受的。我们不仅需要认识并接纳自己的情绪状态，更需要真实地对待自己的感受和对方的感受。

如果缺乏回应，可能会引发矛盾和困扰。在电视剧《伪装者》中，明台疑惑于两个哥哥，觉得明楼和明诚可能是隐藏在敌人内部的谍报人员，但他的怀疑一直没有得到两位兄长的回应，导致他在接到任务时内心非常纠结。

在这个世界上，我如何能确认自己存在呢？如果能感受到自己，看见自己，听见自己的声音，证明自己真实存在。设想一下，如果有一天早上醒来，发现自己说不出话来，肯定会产生一种紧张感。这种紧张感来自我们与自己的沟通。因此，在与自己进行内在对话时，我们身体的反应非常重要。这些身体反应实际上是证明我们在这个世界上真实存在的体验。

我们的存在不仅依赖于我们自身的感知，也需要得到他人的回应和认同。在现实生活中，我们的沟通常常没有回应。这种缺乏回应的情况可能对人的情感和认知造成深远影响。

儿童在与妈妈的互动过程中，如果妈妈给予回应，儿童会感到非常自在和放松。当妈妈板起脸孔，儿童表现正好相反。

回应，对于夫妻关系的维系也至关重要。有些夫妻不会争吵，但实际上是他们放弃了直接沟通，即信息发出去后，对方没有回应。面对伴侣的不回应，可能会引起愤怒情绪，只是为了面子而强压住，这种情况会对夫妻关系造成负面影响。

二、回应是沟通的过程和结果

在沟通中，回应扮演着至关重要的角色。它不仅仅是信息传递的结果，更是整个交流过程中的关键环节。试想一下，如果你跟一个人讲话，对方始终没有回应，这个过程你还想继续下去吗？我猜你不太想。有时候，我们能感觉到对方人在心不在，因为没有给予任何回应。

在职场中也一样，上级下达了工作指令，如果下属没有及时回应完成情况、进度或结果，也没有提出需求和支持，会让上级感到焦虑和不安。特别是当上级需要对工作结果负责，例如，可能会影响与合作伙伴的关系，缺乏回应会导致潜在的冲突和问题。

给对方最好的回应是直接跟对方谈自己需要的价值、感觉和感受。直接表达自己的想法后，往往能获得对方的理解和更真实的反馈。

有一次，我家里出现了一点状况，好朋友得知后不断打电话问我发生什么，她期待能给我帮助。但是，我当时没有办法与其他人沟通，所以没有接听她的电话。后来，我也感觉到，我越不接听电话可能会导致她的情绪越不安。于是，我就发了一条微信给她："我已经收到了你的关心，但我还没有准备好用什么样的方式跟你沟通，我希望你能给我一些空间，等我处理好了，我再跟你联系。"告诉她我的真实想法后，好朋友很坦然地回答："好的。"然后就真的没有再打电话来。这种沟通方式，需要双方具备智慧和情绪管理的能力。

回应，既是一个开始，也是一个结束。沟通就是在信息发出、接收、回应的过程中不断流动。我们在与对方沟通过程中，既是信息的流动，也是情绪、感觉的流动，甚至是未来、现在和过去的流动。

通过有效的沟通，我们能更好地了解彼此的期望和目标，从而明确下一步应该采取的行动，共同规划和设想未来的发展，预测两天甚至一年后的情况，进而描绘出共同追求的未来景象。

三、沟通失败的原因

不是每次沟通都能成功。沟通失败的原因可能是我们并非真的在沟通，而是在想尽一切办法证明自己是对的，强调自己是如何做对的。这样的沟通不是真正的平等沟通，不是信息的交换，而是我在向这个世界确认一件事情而已。真正有效的沟通是彼此之间信息的自由表达和交换。

在与孩子沟通的过程中，个别家长会不恰当地强加自己的想法给孩子。时间久了，孩子就不太愿意跟父母沟通。我常常问家长："如果对方不是你的孩子，只是一个普通人，你会怎么对待他？会在沟通过程中这样做吗？"如果只在乎自己讲得对不对，而不在乎孩子的感受，可能适得其反。

如果一个销售人员一直在证明自己是对的，客户是错的，那么客户会买他的产品吗？就算买了，以后也不会再有合作。因为销售人员过于强调正确与错误，却忽视了沟通过程中非常重要的和谐氛围，也忽略了对方在意的价值和尊重。如果用这种沟通方式，即使所传递的信息都是正确的，但代价是终止了这段关系。

在购买商品时，我们有时候会遇到一些服务员说："对不起，这是我们的规定。"这句话是在告诉客户和自己的老板：他做的是对的，是按规定来的，出现任何状况都不是他的错。可是，这种语言会把客户推走。

所以，我们在沟通中追求的是效果，还是自己认为正确？例如，我们需要种一株花，按照所有的说明和要求来养护，最终那株花还是枯萎了。这样的过程真的有意义吗？这只是用自己感觉舒服的方式去破坏了两个人之间的未来和关系而已。

当我们不关注对方的回应，不给予对方回应的机会，甚至不接受对方回应的方式时，这个沟通过程会变得非常辛苦。

四、沟通产生的效果

沟通产生的效果可以表现在以下两个方面：第一，双方的关系更好了，或者是更坏了；第二，在未来的生活中，能否呈现双方想要的价值。

有些人是不接受其他人有负面情绪的。当别人出现负面情绪的时候，他马上劝告对方不要难过、不要哭泣。然而，这样的方式并不是真正的回应，真正的回应是接受情绪存在的价值和意义。如果对方今天受到了老板的责备或遇到了倒霉的事情，感受到失落是非常正常的情绪。当我们能接受对方的失落情绪时，才是真正的回应。

我很庆幸有几位能允许和接受我所有状况的好朋友。有些话，我们不能同伴侣或者父母交流，主要原因是我们意识到他们是不会接受我的某些想法的，而且往往会告诫我们不能这样做。

我母亲的成长过程历尽艰辛，所以，她的信念是：人一定要坚强。于是，她把这种信念传递给我。她一定会让我坚强一点，一定会拼命地把那个摔坐在地上的我拉起来。但有时候我需要的是允许我在受伤的状态里待一会儿，允许我在失落的情绪中缓一会儿。

我跟我母亲的变化源于一次真实的表达，我对母亲说："妈妈，我真是好累，我觉得我坚强不起来了，我真的是没有力气了。"当我允许自己不用假装坚强，和这份失落在一起，同时把这个需求向母亲表达后，母亲也改变了。她开始允许我有不坚强的时候，软弱的时候，失落的时候，甚至失败的时候。当母亲能让我自由表达并给予回应时，我们的情感会越来越深厚。当我振作起来以后，这种支持和包容给了我强大的力量感。

如果我们发现对方的回应不是我们所期待的那样，就要反思：我做了些什么让对方有这样的回应？我接下来可以做什么去影响这个结果呢？

有些老师对于如何才能掌控课堂感到很困惑。其实，我们无法掌控课堂，但我们可以通过对方的回应来改变自己的教学方式。例如，学员低头玩手机是学员对我们和课程的回应，这个回应提示我们，课程内容可能需要做出调整：也许是学员觉得内容没有价值，也许是学员觉得讲授方式太过枯燥。面对这种回应，有些老师可能会采取强硬的措施，比如收起学员的手机。然而，即使手机被收起，学员的思维仍可能会游离，依然不会认真听课。如果想让自己的课程越来越好，最好是允许学员在课堂上使用手机。如果学员拿着手机听课，对于授课老师而言，首先要战胜的对手是手机。如果学员愿意主动放下手机全神贯注地听课，说明课程非常有价值和吸引力。

在家庭环境中，孩子宁愿玩手机也不愿意跟父母交流，那说明交流存在问题。所以，每一次的回应都是沟通中非常重要的支持和帮助，可以更好地了解对方究竟是否愿意跟我们继续交流，以及他们在意的价值是什么。同时，回应就像来提醒我们，当下的沟通方式是否需要调整。是否需要改变不是由我们来决定，而是由对方的回应来决定。正如穿衣服，是加一件衣服还是减一件衣服，取决于当下的天气温度。

当对方的回应是愿意跟我们交流，而且气氛逐渐变得愉快和融洽时，这表明之前的沟通方式是有效的。然而，如果对方的回应越来越少，气氛越来越低沉，甚至出现负面情绪，这可能意味着对方拒绝继续交流。这些回应提醒我们需要改变沟通方式，不应坚持原来的方式。如果我们无法读懂回应中所传递的信息，就会一直坚持自己的方式，最终可能会导致双方的关系破裂。

小结

在沟通的过程中，不同的回应方式会带来不同的沟通效果。

如果想实现有效的沟通，在回应时，首先，要听到对方的声音，同时允许不同声音的存在；其次，不论对方说什么，都先回应"是的"，如果要表达不同的想法，可以说："我听到了你的观点了，同时我的想法是……"最后，就是把自己的感觉和需求说出来，把双方的未来表达出来："如果我们可以用一些时间来聊一聊这件事情，或许事情就会有这样的一些变化。"

---

05 确认：放下假设，消除误解

确认回应比回应本身更进一步，也就是确认对方是否真的收到了信息。例如，有人在微信群里发送了好几条语音，有人可能会点赞，或发送表情包作为回应，但是这并不能确定他们都听了每条语音信息，可能仅出于礼貌，或者为了保持与发送语音消息的朋友的连接。所以，回应和确认有很大的区别。误会产生的原因就是将对方的回应误以为是确认。确认的目的在于确保对方收到的信息与我们传达的信息相符。

一、假设是沟通的迷宫

我们不要假设"回应"就是"确认"，因为只有对方才能确认。确认不仅是回应，更是一种承诺，承载着双方对未来的期许。

电影《集结号》，讲述的是解放战争期间，连长谷子地接受了一项阻击战的任务，与团长约定以集结号作为撤退的号令。出发前，团长与谷子地再次确认任务，并确认以集结号作为撤退令。

团长：再给我重复一遍命令。

谷子地：明天中午十二点之前，不惜一切代价，在南岸旧窑场坚守阵地。

团长：还有……

谷子地：不管几点钟，以集结号为令，随时准备撤退。

团长：听不见号声，你就是打剩下最后一个人，也得给我接着打下去。

在一座废弃的旧窑场里，47名战士奋勇厮杀。焦排长被燃烧弹烧成了炭，弥留之际，他用尽最后一丝力气对谷子地说："我听见了集结号，你带着大伙儿快撤吧。"谷子地确定自己没听到任何号声，决定坚持作战。遗憾的是，直到所有战士全部阵亡，谷子地终究也没有等来号声。

谷子地是唯一的幸存者，但他一直很内疚，认为是自己耳朵出问题错过了集结号，导致战友们枉送性命。多年后，在赵二斗的帮助下，他终于找到了当年所在部队的线索，然而，当年的团长早已在战斗中牺牲。在烈士公墓，谷子地见到了团部当年负责吹集结号的小梁子才得知，为了大部队的顺利转移，团长根本没有叫他吹过集结号。谷子地没有撤退，是因为他和团长有过确认：在没有听到集结号的情况下，必须坚持到最后一个人。这是他对团队的承诺。

我曾经负责过招聘工作，发现大部分应聘者都习惯于等待用人单位发出面试邀约，只有极少数人会主动致电确认是否收到简历。如果应聘者打电话来确认："请问是某公司人事部吗？我看到贵公司有一个招聘信息，我投了简历，不知道有没有收到呢？"通常，我就会去搜索这份简历，快速阅读后立即约定面试时间。应聘者主动确认的动作加快了应聘的流程，为自己争取了更多的机会。

在工作中，我们常常需要发出会议通知。良好的工作习惯是，在发送会议通知邮件后，再与每位参会者一对一确认是否已收到通知。这样做可以有效避免出现个别参会人缺席的情况。

成年人常常误以为只要表达了自己的想法，对方就一定能完全理解自己的真实意图。事实上，仅仅把自己的想法表达出来并不足以确保对方真正理解我们的意图。因为每个人的思维方式、背景和经历都不同，我们并没有真正与对方进行确认。就像电脑程序一样，需要点击"确认"键才能执行指令，沟通也需要对方的大脑进行确认。

误会是由于错误解码而产生的。例如，婴儿没有办法把想表达的信息说出来，只能用哭，父母可能会不理解。

二、走出沟通的迷宫

很多年前，我一直以为母亲不肯接受父亲，所以她也不会允许我爱父亲。这种想法让我感到内疚。由于这种误解，我与父亲之间产生了很多问题，与母亲之间也有许多不和谐。造成这个局面，其实是因为我们没有做过确认，才导致了误会。

我们常常陷入"对方应该懂我"的错误认知，认为对方应该能够从我们的暗示中理解我们的想法和意图，而无须明确地表达。然而，这种假设往往是导致误解和沟通障碍的主要原因。我们不能完全避免猜测他人的想法，但过度猜测和假设并不利于有效沟通。更重要的是，我们应该学会在沟通中提出问题，积极寻求理解。

如果只是单方面地做了假设，而没有进行确认，就会导致我们不断陷入自我设定的迷宫，无法找到出路。而每一次与对方的确认就如同在确认是否能够走出这个迷宫。一旦对方的反馈信息是一致的，我们就能明确前进的方向。但如果对方没有给予明确的反馈，我们只能依靠自己不断摸索和探索。确认是走向真实理解和互相支持的桥梁。

在沟通中，文字或言语的表达可能不如想象的重要，更重要的是确认对方的情绪反应。例如，在跟孩子沟通时，如何确认他在听我们说呢？首先，他们能够做出回应，如回答问题、发表意见或提出疑问等；其次，孩子按我们的方式给了一个确认动作；最后，比前两者更重要的是，关注孩子在沟通时所表现出的情绪，是平静、喜悦，还是焦虑、紧张甚至是愤怒？

如果孩子做错事，我们很愤怒地说："这件事情你做错了，你必须道歉！"这时候，孩子会小心翼翼、可怜巴巴地道歉说："妈妈，对不起，我刚才做错了。"所以，这个过程可能没有实际达到让孩子道歉的效果和目标，而是诱发了孩子的害怕的情绪。他并没有学会错在哪里了，是怎么出现的错误，接下来应该怎么去调整。

每个人都有自己的沟通迷宫。如果只活在自己的假设中，而没有积极进行确认的动作，那么沟通往往不会取得有效的结果。只有确认彼此的感觉都是一样的，才叫事实和结果。

李老师曾说："沟通就是修养，真正做到有修养是心中没有不愉快的事情。"当沟通中出现不愉快时，我们应该以极其和善的态度来处理它，并努力化解分歧，避免将不愉快的情绪积压在心中。如果双方都回避已经存在的不愉快，那么往往会导致彼此的心越来越疏远，形成心结。一些夫妻正是把小小的误会累积到越来越大。如果我们真心在乎这份感情，关心彼此的未来，不妨与对方坦诚交流，真实地表达需求，就能更好地维系感情，增进亲密和理解。

我们常常替别人做决定，把别人的事情当作是自己的事情来做处理，美其名曰"我为你好"。如果我们真的想为别人做些事情，应该在行动前先与对方确认意愿。例如，我们给对方倒了一杯橙汁，但是对方并不喜欢喝橙汁。

在与他人互动时，我们应该尊重对方的意愿和决定。代替别人做主可能会侵犯到对方的自主权，让对方感到不愉快。

三、如何做到"确认"

在沟通中，我们不能把单向传递信息作为沟通的过程和目标，而是需要与对方进行确认和反馈。如果对方对我们的信息理解有误，通过再次确认保证信息的准确传达。

➢ 在沟通中与对方确认的重点

与对方确认时，我们需要注意以下两点：

第一，主动与沟通对象确认是否已经收到了我们传递的信息。这种确认可以通过简单问询或倾听对方的回应来实现，避免信息的丢失或误解。

第二，确认对方在收到信息后的情绪。与其一直用语言表达，不如直接让对方知道自己的情绪，让沟通更加真实和贴近，避免产生误解或猜测。同时，也能让对方更好地理解我们，增进相互之间的感情和信任。

> ➢ 在沟通中采取一些方法确保双向沟通

在沟通中，确保双向的交流是非常关键的。单向的沟通容易导致误解和错误，因为只有一个人在表达，而没有得到对方的确认和反馈。为了保证信息的准确传达和理解，我们需要在沟通过程中采取一些方法来确保对方理解正确，并对所表达的内容做出反馈。

（1）询问对方的反馈：在表达完观点后，可以主动询问对方的意见和看法，例如，"你觉得我刚才说得清楚吗？"或者"你对我的观点有什么看法？"通过主动询问，我们可以了解对方的理解程度，发现可能存在的误解，并及时进行澄清和解释。

（2）检查对方的反应：观察对方的面部表情、身体语言等非语言信号，这些反应往往能够反映出对方是否理解正确或是否存在疑问。通过仔细观察，我们可以更敏锐地察觉对方的情感和态度，从而更好地调整自己的表达方式。

（3）给予例子：对于一些较为抽象或复杂的概念或想法，我们可以借助具体的例子或实际情境来说明，帮助对方更好地理解。通过举例，我们能够把抽象的概念转化为具体的实践，让对方更容易理解和接受。

（4）确认对方的理解：在结束沟通之前，可以再次确认对方理解是否正确，例如，"如果我刚才表达有误，请告诉我，我会再解释一遍。"或者"你能简单复述一下我的观点吗？"通过确认对方的理解，我们可以确保信息的准确传递，并及时纠正可能出现的误解。

通过以上方法，我们可以确保对方正确理解我们的表达，并积极做出反馈。这样的双向交流不仅能提高沟通效率，还能增强沟通效果，避免误解和错误，从而促进更加健康和融洽的人际关系。

小结

　　放下假设意味着我们要摒弃主观的臆测， 而去真实地了解对方的想法和感受。 我们应该明白， 每个人都有着不同的观点和体验， 即使面对同一件事情， 也可能会有截然不同的理解。

　　所以， 我们不能凭自己的经验和认知来假设对方的反应， 而是要以开放的心态去倾听对方的意见， 主动寻求对方的反馈。 只有这样， 我们才能真正畅通有效交流之路， 避免误解和问题的产生， 建立更加紧密和健康的人际关系。

06 坦诚：平等对话，直面沟通

坦诚，是指我们在沟通的过程中可以直接地表达自己的想法，以坦白和真诚的态度，而无须借助第三方进行信息传递。这样可以避免信息在传递过程中经过多次转述，导致原意的失真。因为每个人的大脑和认知方式都不同，如果通过第二个人来传递信息，就会经过第二个人的信念系统，经过理解和筛选后再重新表达出来，这很难确保所传递的意思符合我们的初衷。

一、古代和现代的礼仪与沟通

在古代，人们常委托他人代为表达自己的意愿，即代人说项。因为有严苛的要求，例如，女性直接见陌生的男性是非常不礼貌的行为，需要有人代为传递信息，而男性之间也会根据彼此身份的不同而采取不同的说话方式。

我们应该尊重习惯，在职场中，这一现象尤为常见，新人应了解一些规则。如果两个人发生了争吵或冲突，双方或者其中一方就会寻求更高的权威（例如上级、父母、兄长等）来协调解决问题。基于尊重，这样也许暂时能缓解情绪。但是，这种方法可能治标不治本，潜在的矛盾未能解决，问题会在某个时间点又再次出现，而且也无法提升沟通能力。

如果双方都能用坦诚的态度直面沟通，就能取得意想不到的效果。电视剧《芈月传》中，有一个情节让人印象深刻。芈月成为太后以后，代为执政秦国。有一次，她和樗里子在朝堂发生了冲突，樗里子一气之下辞去职务。芈月意识到樗里子是秦国非常重要的人才，于是，在大雪纷飞的夜晚，她冒着严寒前往樗里子的府邸求见，希望能够进行一次深谈。樗里子正在气头上，称病拒绝见芈月。第二天早上，樗里子打开房门时发现芈月在风雪夜里等候了整整一个晚上，樗里子心生愧疚，最终同意继续辅佐太后。芈月虽然知道自己的观点和樗里子不同，但他们的共同愿望都是希望秦国未来繁荣昌盛，所以，她愿意放下身段，主动与对方沟通，而不是用地位或权力来压制对方。

电影《摔跤吧！爸爸》是一部非常感人的亲子关系电影。其中的情节展示了父女之间的深情厚谊，更重要的是呈现了父亲直面沟通后得到的和解与理解。

女儿因为经常偷偷外出跟父亲训练，被教练得知后要取消她参加国际大赛的资格。父亲前往学校与校长沟通，用非常诚恳的态度表达了作为父亲对女儿经过多年训练在比赛中取得优异成绩的期待和渴求，同时也表达了作为父亲的良苦用心。经过慎重考虑后，校长最终接受了他的请求，并允许其女儿继续参加训练。

经历多次比赛失利后，女儿对父亲的训练方式持怀疑态度，在很长一段时间里，一直和父亲闹别扭。终于，在妹妹的鼓励下，她鼓起勇气拨通了父亲的电话，喊了一声"爸爸"。当父亲听到这一声"爸爸"后，眼泪夺眶而出，所有曾经的争执、矛盾和不理解都在这一刻化为虚无，父女之间重新建立了亲密的联系和理解。

所以，只要我们愿意用坦诚的态度直面沟通，而不是强调自身的权力和地位，就能创造一个开放的沟通空间。通过敞开心扉、坦率交流，更好地理解对方的需求和感受，共同寻找双方都能接受的解决方案。只有这样，人际关系才会逐渐变得更加融洽与良好。

二、直面沟通前的准备

电影《头脑特工队》讲述的是11岁的小女孩莱莉因为父母的工作，从明尼苏达州搬到了旧金山。面对陌生的环境、糟糕的房子和逐渐失落的友情，作为家中的开心果，她无法直接向父母表达内心的感受，特别是那些失落的情绪。她装出快乐和开心的样子与父母交流。如此，她大脑中住着的代表人类的五种情绪——喜乐、悲伤、厌恶、愤怒和惊恐的小人开始变得无所适从。

在"情绪小人"乐乐和忧忧的帮助下，她决定放弃离家出走，回到家中，鼓起勇气向父母坦言："我知道让你们担心了，可是我想家，我想念明尼苏达。你们希望我快乐，但是，我想要我的老朋友，还有我的曲棍球队。我想要回家，请不要生气。"父母听到她的真实表达以后，也松了口气，拥抱着她表示理解并决定回家。这个时候，莱莉流下了快乐而幸福的眼泪。

直接与他人坦诚沟通并不总是容易的，莱莉用了很长的一段时间。我们也许要花更长的时间，尤其在内敛和含蓄的氛围中。所以，在与他人沟通之前，需要先与自己的内心沟通。

> 首先，问问自己："我"是真的想要进行沟通吗

如果我们只是想宣泄情绪而不是期待进行有效的交流，不如先停下来，避免因情绪失控而影响双方关系。在情绪高涨时进行沟通很可能激化矛盾。

> 其次，问问自己："我"有能力、有力量沟通吗

能力是指自己能否听懂对方在说什么。例如，对方只会说英语，如果我不会英语，就没办法听懂对方表达的意思，也无法传递自己的信息。但，能力不仅指语言和倾听能力，更重要的是我们是否能够理解自己和对方内心的需求。

我们无法与他人进行直接的沟通，往往是因为自身没有足够的力量和安全感去面对风险和压力，担心对方不接受我们的意见，或者担心影响彼此的关系。内心还是小孩状态，需要对方来照顾我们的情绪，或者把对方看得过高，害怕与对方沟通，都是力量不足的表现。当我们有力量和勇气做一个真实的人，坦诚面对现实并真实表达自己的想法，才能最终获得成长。

> 再次，问问自己："我们"都有更多选择吗

"我们"是指沟通双方。在沟通的过程中，是否接受对方有更多的选择，而不是要求对方必须听我们的？在平等、相互尊重的前提下，实

现双方期待的共同的未来。

> 最后，问问自己：是否能接受对方的拒绝行为

在沟通中，当我们向对方提出请求或表达需求时，要做好对方可能会拒绝我们的心理准备，因为这是很正常的回应，每个人都有自己的考虑和界限。例如，前文的例子中，我向好朋友表达希望对方能给我一些时间和空间来处理好事情。当时，我就做了最坏的打算——她会拒绝，甚至会认为我不把她当朋友。所以，接纳一切有可能的回应，才能进一步沟通。

通过在沟通前思考以上问题，我们可以更加明晰自己的需求和期望，并更好地处理与他人之间的关系。

三、如何面对自己

在沟通的过程中出现问题或者发生冲突时，除了自己，没有人能代替我们来面对和处理。第三方的出现，只是把问题延后，而不是终止问题。要实现更有效的沟通，以及更好地面对在沟通过程中的自己，需要在心理、方法和思维模式上进行调整。

> 心理上的调整

调整心理状态是实现有效沟通的关键。在与他人沟通之前，我们可以尝试以下几种方式来调整心理状态：

"成功景象法"：在沟通前，为自己描绘一个成功的画面，而不是否定的画面，积极展望沟通成功的场景。这样的积极心态可以增加我们的

自信和决心，使我们更有可能实现预期的沟通效果。

"长高长大法"：在与对方沟通时，如果感觉到压力，特别是面对权威时，容易产生紧张的情绪，就可以用"长高长大法"来调整自己内在的状态，从而更有力量与对方进行沟通。

"面对失败法"：允许自己在沟通中可能遭遇失败，特别是在面对让自己感到压力的人时，甚至需要尝试多次沟通。接受失败的可能性，并从失败中学习，可以让我们更加坚韧和成熟。

➢ 方法上的调整

方法上调整是指，了解对方所需要的价值，然后用对方所在意的价值去推动双方的连接。

有一位家长说，孩子已经成年了，但是仍然沉迷于打游戏。冰冻三尺非一日之寒，家长需要关注孩子所在意的价值是什么，同时，关注一下游戏里有什么价值是他所需要的。

知道如何有效支持孩子的心灵成长，才是最重要的。例如，让孩子去尝试一些自己喜欢并且有价值的事情，同时能够带来收入。只有当他们开始为社会创造价值时，才是真正的成年人。生理上成年只是标志性的一步，能够为社会作出贡献则是成年的真正意义。

➢ 在思维模式上的调整

在思维模式上的调整是十分重要的。

首先，最为重要的是，不论对方传递了什么信息，我们都要习惯性回应"是的"。这个回应并不表示完全认同对方，而是表达我们已经聆听并理解对方。这个过程是让自己接受对方的思维模式，同时也是引导对方在接下来的沟通中愿意同样表达。这种技巧的用意在于让对方在沟通中感受到被尊重和被理解。他们会更有动力继续与我们沟通，因为他们感受到我们的共鸣和关注。

其次，在直接表达的过程中，尝试将对方所在意的价值表达出来。这种方法可以帮助我们更好地理解对方的立场和需求，同时表达出我们对对方的关心和尊重。

在李老师的高级执行师课堂上，讲述了一个案例：

两家企业各自派出一个代表进行谈判，但是，两个代表彼此之间存在误会，导致双方都不接受对方，也不愿意谈判，甚至不认可他们要沟通的这个项目。在这种情况下，如何才能让有矛盾的两个人坐在一起谈判呢？

其中一个代表说："是的，今天我受企业委派来谈判。我知道，在此之前我们之间存在一些误会，我知道你不太认同我，你也知道我对你有一些看法。同时，我们对这次的谈判都有自己的观点，是吗？"

另一个谈判代表直截了当地回应："其实你也想马上谈完，尽快完成谈判，我们都需要对自己的企业和这个项目有所交代，所以，为了达成共识，我们不妨先听听你的想法，你认为如何才能更好地完成这些事情。"

如果我们和伴侣吵架了，可以直接说："我真的很生气，我希望你可以……"或者说："之前，我有一些做得不对的地方，让你觉得有压力。如果是这样，我向你道歉。同时，你的一些做法我也不太能适应。但是，我很在意我们的关系，如果可以，能否坐下来谈谈，看怎样才能更好地解决这些困扰？"

这种直接的沟通方式，让两个不能接受对方的人坐下来很好地沟通，因为找到了双方的共同价值。

小结

在这种的沟通方式中，坦诚、真实和直接是至关重要的，要诚恳地面对自己和对方的情绪。

坦诚直接的沟通方式让我们更加真实地表达自己、理解他人，促进彼此之间的信任和理解，并且可以有效地解决问题，使沟通成为彼此的一种能力，而不仅仅是情绪的表达。每一次沟通都是增进理解、改善关系的机会。通过持续努力和修炼，就可成为优秀的沟通者。

07 共同：信念共有，价值共创

如前文所述，"共"是指彼此共创的未来，"同"是指现在或过去相同的特质或属性。当两个人之间拥有的"共"和"同"越多，沟通的效果就会越好。

一、何为共同的信念和价值观

什么是"念"？这个字蕴含着祖先们造字的智慧，由"今"和"心"组成。由此，我把"念"解读为：今天心里的一个想法。信念，是"事情应该是怎样的"或者"事情就是这样的"的主观判断，是我们认为维持世界运作的法则，是我们相信什么是真的、什么是假的。然而，信念与真实的外在并不完全一致。

价值，就是事情的意义和一个人能够在事情里得到的好处，是"我"认为的好处和坏处，而不是真实的好处和坏处。在"我"的心里，相信这件事就会去做。

心理学家马斯洛于 20 世纪 40 年代至 50 年代发展起来的心理学理

论"马斯洛需求层次理论"，解释了人类的需求和动机。

这五个层次分别是：

生理需求：这是基本的需求，包括空气、水、食物、睡眠、衣物和庇护等生存基本条件。只有这些基本需求得到满足，个体才能生存和关注更高层次的需求。

安全需求：一旦生理需求得到满足，人们就开始关注安全和稳定方面的需求。这包括对身体安全的需求、稳定的工作环境、经济保障和社会保障等。在感到安全和稳定后，个体才会继续追求更高层次需求的满足。

社交归属需求：在满足生理和安全需求后，人们开始寻求社交和归属感。这包括友谊、家庭关系、爱情关系和社区参与等。满足这些需求有助于个体建立稳固的社会联系，形成情感上的依赖和归属感。

尊重需求：分为内部尊重和外部尊重两个层面。内部尊重包括自尊、自信和自律等，而外部尊重包括他人的认可、尊重和赞赏。满足这些需求可以提高个体的自尊心和自信心，从而促进个人成长和发展。

自我实现需求：这是马斯洛需求层次金字塔的最高层。一旦前面的需求得到满足，个体就会追求更高级别的需求，即自我实现。自我实现是指个体达到自己的最大潜能，追求自己的目标和理想，实现个人的成长和发展。

在不同情景下，人类的需求有所不同，所关注的价值也有所不同。刚刚来到这个世界的小宝宝，只会在意生理需求，例如，是否有足够的食物、水和舒适的睡眠，以确保生存。随着年龄的增长，除了借助这个世界的资源活下来外，他还在意是否有安全感；进入社会以后，除了希望有一个稳定和安全的环境外，还希望能满足社交归属的需求；当这些需求满足以后，希望得到更多的尊重，并开始追求在社会中的认可和重要性。

按马斯洛需求层次理论，并不是所有人会按照相同的顺序经历每个层次，个体之间存在差异。有些人可能会跳过某些层次，或者在不同阶段之间来回切换。这取决于个体的文化背景、个性特征和生活经历等。但是，每个人最在意的价值是一样的，都是关注能否自我实现：我来到这个世界究竟是为了什么？这份价值像是每个人心底熊熊的火焰，不断地燃烧。

共同的信念和价值观的产生，往往是在某个时间点上。电影《流浪地球》中，终于出现全地球人拥有共同的信念和价值观，就是要找到一个新的家园，让地球离开太阳系之后，人类仍然能够存活下来。这个共同的信念和价值观将全人类凝聚在一起，形成强大的合作力量，克服了种种困难。

二、有效沟通的核心是求同存异

在沟通中，必须站在利他的角度，尊重对方的需求和关注点。在同一件事情中，两个人可能追求不同的价值，而双方都可以接受的就是共同价值。

例如，两个人一起去餐厅吃东西，一个人是为吃饭，填饱肚子就可以了；而另一个人则是为了聊天，享受社交的乐趣。如果大家能够接受对方所在意的价值，就可以共同营造一个愉快的用餐环境。

冲突的关键在于，一个人不愿意满足对方所在意的价值，导致自己也无法获得自身需要的价值。有一些婚姻缺乏爱情，但为什么可以延续下去？有些人是为了下一代，为了家族而接受现状。

在职场中，员工对一份工作的看法很可能不同。有些人更看重薪资，有些人更重视工作环境和氛围，有些人更注重个人发展和成长机会，还有些人更看中工作带来的社交和人际关系。作为管理者，如果能理解并抓住每一位员工所在意的价值及时给予激励，其领导力将大幅度提升。

2002年，我的前同事——公司的前台，是本地人，每天早上开车来上班，也准时下班，生活相对舒适。她说："这份工作挺好的，而且能接触到不同的人。"这份工作满足了她寻求社交和人际交往的需要，能够在工作中获得一种轻松的感觉，享受与不同人交流的机会。

三、有价值才能有沟通

任何两个人之间存在沟通，必然是有彼此在意的共同信念和价值观。如果能给彼此创造更多的价值，就能有更多的沟通机会。

如果两个人之间不存在沟通，或者有一方不愿意沟通，是因为彼此的价值不足以推动双方去表达。内心有话，但是不表达出来，这种不愿意沟通，也许是担心表达以后得不到自己想要的结果，或者甚至会失去自己想要的东西。积极的沟通方式，可以让自己需要的价值增加而不是减少。

我们可以做一个练习来找到自己最在意的价值。首先，选择一个自己在意的关系，比如职场关系；然后，写出自己在这个关系中最在意的价值，比如，在职场中，我最在意的是时间、老板的肯定、未来收入提升、岗位晋升等；最后，我们会如何排序并按不同金额来"购买"呢？

在这些价值中，我们愿意花费，最多来"购买"的，就是自己最在意的价值。当我们了解自己想要什么的时候，就更容易去跟这个世界互动。如果我们最在意的是收入提升，就需要了解如何提升自己的能力以满足企业和上级的需求。如果在这家企业没有办法很快提升收入，或许就需要换一个平台。

如果希望有很好的亲子关系，就需要关注孩子的情况，关注他喜欢的沟通方式。例如，孩子爱玩游戏，因为在玩游戏的过程中得到很多乐趣。如果父母愿意陪孩子一起玩游戏，创造共同的价值，就能创造更多的沟通机会。

小结

共同的信念和价值观，是建立和谐沟通关系的基石。当双方拥有共同的信念时，就容易理解对方的观点，更容易达成一致，并形成共同的目标和愿景。

08 多维：主动求变，突破沟通

当我们遭遇沟通失败后，需要主动寻求改变，突破沟通的困境。突破沟通，不是突破外在的环境，而是突破上一次不太愉快的沟通，再一次发起沟通。在突破沟通障碍时，相信可能性是关键，只有相信才会有机会。相信有办法解决问题，相信可以找到更有效的交流方式，相信可以改善彼此的关系，相信可以达成共识。这种积极的信念和态度将为我们带来积极的结果，促使我们去积极地探索解决问题的途径。

一、多维的关键在于再尝试一次

冷战，相信自己"没有办法再继续沟通"，没有办法达到共同目标，就会放弃沟通。如果我们愿意，可以打开"月光宝盒"，不断尝试新的方法，直到达成自己想要的沟通效果。自己才是我们真正需要去沟通的对象，愿意相信可能性，才有可能找到方法，才有可能通过这个方法修正和改善。

电影《流浪地球》的主角，就是在遇到困难时一次又一次地尝试，才终于获得成功。

电影讲述的是人类为了自救，倾全球之力在地球表面建造上万座发动机，以推动地球离开太阳系，用 2 500 年的时间奔向新家园。在刘培强马上和家人团聚之际，却遭遇了突然事件。受木星引力增强影响，推力减半，转向力全部丧失，地球将于 37 小时 4 分 12 秒后撞击木星。

为了修好发动机，阻止地球与木星相撞，全球开始展开饱和式营救。经过 36 小时的努力，在全球 150 万救援人员的拼搏和牺牲下，71% 的"推进发动机"和 100% 的"转向发动机"被全功率重启。但遗憾的是，木星引力已经超过全部发动机的总输出功率。地球错失了最后的逃逸机会。

距离地球坠落还有最后几天，正当大家都绝望的时候，刘培强的儿子刘启想起爸爸曾说过，"木星，90% 都是氢气"。于是决定冒着同归于尽的风险和小伙伴们"点燃木星"，以形成巨大冲击力从而推动地球。

这个最后的救援任务，有科学团队已经提出过，"成功概率为 0"。所有救援人都拒绝施以援手，准备回家和家人见最后一面。此时，刘启的妹妹韩朵朵通过广播呼吁："昨天老师还在问我们，希望是什么。在这之前，我根本不相信希望这种东西。但现在我相信，我相信'希望'是我们这个年代像钻石一样珍贵的东西。'希望'是我们唯一的回家方向。回来吧，加入我们一起战斗。点燃木星，救回我们的地球。"

准备回家的救援队员们都被感动了，纷纷掉头回到"转向发动机"指挥中心，和他们一起启动了发动机。然而，事情没有那么顺利，喷出的火焰距离木星引爆区域还差5 000公里。救援队再一次陷入绝望。此时，在空间站的刘培强说，还有一种可能——用"领航员"空间站的30万吨燃料，冲击发动机火焰，点燃木星。

最后，刘培强英勇殉职，地球得救。

当我们遇到困难时，不要轻易放弃。只要充满希望，多尝试一次，也许就会有好结果。只要再做一次尝试，愿意改变一下沟通方式，也许对方就会同意重新开始沟通。

二、突破的关键在于主动

多维，就是要尝试找到新的沟通方式。没有两个人是一样的，所以，我们需要不断尝试多样的沟通方式。

我们总是希望对方先改变，其实这是不现实的。我们应该自己先做出改变，当对方感觉到我们的诚意以后，才有可能被触动，而被触动后，对方才会愿意改变。所谓"精诚所至，金石为开。"如果对方是我们更在意的沟通对象，就应该成为主动发起沟通的人。如果对方始终没改变，至少我们已经习得了改变沟通方式的能力，可以应用在与其他人的沟通上。

如果我们不愿意主动沟通，而是待在原地，坚持旧的模式，对自己说："是的，我接受昨天的沟通模式，即使没有效果，我也很享受。因此，今天我会继续坚持这种沟通模式。"

我们都有惯性思维，总是喜欢沿用旧的方法，因为，如果要想出新的办法，需要付出更多的热量和营养。如果尝试一两次以后，没有发生改变，又会回到旧有的模式中。例如，在减肥训练营中，有学员只坚持做了两天练习，发现没什么效果，第三天又回到原有生活模式中。

有效坚持， 无效改变。

如果真的想要有一个好的沟通效果， 就要尝试做出调整和改变。 如果仍然用无效的方式去做， 那只能保证我们得到无效的结果。 坚持用昨天的方式去沟通， 最多也只会拿到跟昨天一样的结果， 同时也只能证明自己假装很努力。

沟通是一个跟随我们一生的能力， 是需要不断去提升的能力。

05

第五章

情绪策略：
情绪识别和调节策略

情绪是人类情感世界的一面镜子，了解和调节情绪对于个人成长和人际关系的发展至关重要。

　　通过情绪解码、情绪溯源、解除愤怒、化解委屈和告别悲伤五个小节，我们可以更好地了解情绪背后的原理，探索情绪形成的原因，然后运用策略来解除愤怒、战胜无力、化解委屈和告别悲伤，实现内在和谐。这种能力不仅对个人的情感健康有益，还对于人际关系的发展、职业成就的提升等有积极的影响，帮助我们更好地面对人生的起伏，创造一个更加平衡、积极的内在世界。

01 情绪解码

通过了解情绪背后的原理，我们可以更深入地探索自己内心的需求、价值观和信念，有助于促进个人的成长和心理发展，让我们更接近自己的内心世界。了解情绪的原理可以提高我们的情绪智慧，使我们能够更好地理解他人的情感，增进人际关系的和谐与理解。

一、情绪"免疫力"

有一个段子说，突发情况是在考验人的"免疫力"，包括健康免疫力、财务免疫力和情绪免疫力。

➤ 健康免疫力

每个人对病毒的免疫能力有所不同，这是由于个体之间的生理差异所致。养成良好的生活习惯，包括均衡饮食、适量运动、充足睡眠以及避免过度压力，有助于增强免疫力。

> 财务免疫力

困境之下，财务状况很关键。拥有强大的财务免疫力可以在关键时刻提供保障，确保我们能够应对生活中的突发变故。

> 情绪免疫力

情绪免疫力是我们应对各种情绪挑战和压力的能力。面对相同的情境，不同的人往往会表现出完全不同的情绪状态。很大程度上，这与个人的情绪免疫力有关。拥有强大的情绪免疫力意味着能够更好地管理自己的情绪，更快地从负面情绪中恢复，保持积极的心态和情绪平衡。

总结起来，健康免疫力、财务免疫力和情绪免疫力都是我们在生活中重要的能力。通过关注健康、财务规划和情绪管理，我们可以更好地应对各种挑战。

二、情绪的生产线

> 情绪，是思维网络中的搜索引擎

搜索引擎工作原理是，在我们输入关键词后，电脑会迅速地找到与之相关的信息，并将它们呈现给我们。但你可能不知道，其实人类的情绪在某种程度上也像电脑搜索引擎一样运作。当我们通过视觉、听觉和感觉收集到来自外界的各种刺激，传入大脑以后，会迅速地检索并呈现出与这些信息相关的内在情感和记忆。

妈妈在辅导孩子学习时，她就会出现孩子应该好好学习的念头。所以，对外界发生的一切都会直接影响我们的状态，从而引发我们应对事件的反应。这是基于我们过去的经验和记忆而有的一种惯性。

如果有朋友对你说："我看你好像有点情绪。"这句话通常不是赞美。因为，当我们提到情绪时，多是负面情绪。

负面情绪是指那些我们不愿意或难以接受的情绪。它们包括悲伤、愤怒、无力感、委屈、纠结、难过、埋怨等。

有些人，可以敏锐地察觉情绪的出现，并有效地进行情绪管理。有些人，即使情绪出现了，却似乎没有意识到自己的情感状态。当你告诉他们说："你好像有点生气。"他们会坚决地回答："谁说我生气了，我一点都不生气。"这样的人可能在情绪中挣扎，由于缺乏意识，很难真正理解和表达自己的情感状态。

对于那些能够敏感地察觉和管理情绪的人来说，情绪成为一种自我认知和成长的工具。他们能够更好地理解自己的情感，适时地进行情绪调整，并且在与他人的交流中表现得更为自信和理解。

> 如何觉察自己是不是处于情绪中

当外界事件触及我们的那套运作模式时，我们的身体会发生反应，比如麻、热、胀、冷、汗、痛、发抖等。比如，嗓子不舒服，吞口水都很辛苦；或者手、肩膀僵硬，甚至发抖、发麻，像过电一样的感觉；或者觉得腹痛。当身体有这些反应的时候，其实我们已经在情绪中了。

除了身体的反应外，还有情绪的反应。当情绪出现的时候，会影响我们的判断。因此，当情绪发生的时候，大家可以关注自己的身体状态，调整情绪。

当我们关注自己的状态，特别是身体上、言语上的反应，去感知它的时候，才会有机会认识它。就像交朋友一样，首先得看见他，才能去认识他，去了解他，才能让他更好地支持和配合我们。

如果有一个朋友，每次都来找你，来按你家门铃，可是你每次都不理，下次再来的时候，可能比前一次更强烈。为什么？因为他每次按响门铃你都没有回应他，他会误以为是自己的表现还不够强烈。所以，有的情绪会一波一波地出现，一次比一次强。终于有一天，你看到情绪来了，就在身体里，你能接受它的存在才有机会同它交流。所以，当面对情绪的时候，我们要先去看见它，承认它的存在，然后给它取个名字。

关于水果，我们可以说出很多不同的名字；关于体育运动，我们可以说出很多不同的项目。可是，关于情绪，我们能说出的名字真的太少了。因为我们对情绪的了解其实很少，从小到大没有认真去认识它，只会说开心或者不开心。

所以，我们要学会给情绪命名，比如愤怒、纠结、难过、悲伤、痛苦、快乐、兴奋、开心、平静，然后，我们再用这个名字跟情绪去做沟通。

三、情绪的分类与识别

我们可以把情绪划分为：系统情绪、派生情绪和原生情绪。

> ➤ 系统情绪

系统情绪是与他人互动和社交情境相关的情感体验。这些情绪涉我们在群体、组织、社会环境中的情感体验。系统情绪与个体的情感相互交织，可以是对他人情绪的共鸣和理解，也可以是社会情境对个体情感的影响。例如，当我们与团队一起取得成功时，我们可能会感受到归属感和团队精神，这些都属于系统感觉。这些感受，都叫系统的情绪。虽然不是自己本人亲身经历的，但自动匹配一个情绪模式，证明自己是系统中的一员。

系统情绪还容易出现在家庭中。很有可能是妈妈没有表达出来的情绪状态，被孩子感知到了，从而表达出来。所以，当我们出现情绪，身体里有反应的时候，首先问一问自己这是谁的情绪，觉察一下出现了什么。这个时候，潜意识会给你一个提醒，说有可能跟你没有关系。如果是系统情绪，了解之后，情绪的强烈程度可能突然降低。

➢ 派生情绪

派生情绪是在原生情绪的基础上产生的。这些情绪可能是对原生情绪的进一步认知和反应，或者是由多种情绪相互交织而成的。派生情绪需要更多的认知和处理，因为它们可能与过去的经验、价值观、文化背景等有关。例如，当我们感到不知所措时，我们可能同时感受到焦虑、疑惑和不安。

我们常常在商场里看到有小朋友坐在地上哭，哭得很大声。哭是情绪表现的行为模式之一。他把哭当作工具来索要东西，比如某个玩具，只要把玩具递到他手上，马上就不哭了。

碰到这种情况，最好的方式就是在旁边等待他，如果是特别小的孩子就拥抱他，因为他有可能只是需要一个拥抱而已。小孩子很多只是希望被关注和被关爱。我们只要拍拍他说："是的，我听到了。"等他的情绪慢慢平复。如果因为小孩子哭就满足他的需求，就会形成一个模式：只需要用大声哭的方式就可以拿到想要的。

在工作中，因为下属没干好工作，经理会拍桌子，然后转身去见客户时又笑眯眯了。所以，愤怒是派生情绪。

系统情绪是我们在感受别人的感受，所以最好的方式就是把它还回去，是谁的情绪就归谁，让自己的身心更加轻松一些。

派生情绪是一个从小养成的思维模式、行为模式，这种模式有利也有弊。好处是，如果真的能够跟自己的各类情绪在一起，就可以让自己的生活状态不一样。

➢ 原生情绪

原生情绪是我们最基本、最直接的情感体验，是我们真正需要关注的情绪。这些情绪往往是我们在面对外界刺激时，自然产生的情绪反应。它们几乎是本能的，不需要经过深思熟虑或分析。最常见的情绪，如喜悦、悲伤、愤怒、惊喜等。当我们受到不同的情境和事件影响时，这些情感会迅速地涌现出来。

原生情绪常常是在一个人的成长过程中，因为某一件事情的发生，该表达却没有表达而停留的情绪，变成心里的卡点。有些人，面对不好的情况也没有情绪的起伏，甚至是冻结的状态，像放进了冰箱一样，不会悲伤，不会愤怒，也不会开心。

小时候，摔了一跤，摔得很痛，很想哭，可是父母说："不痛不痛，不哭不哭，这有什么好哭的？"亲人离世了，都强忍着眼泪，没有把悲伤表达出来，而是深深地压在身体里。

原生情绪其实最难被我们接受，因为如果要接受这些原生情绪，就需要重新回顾一次当时的伤痛和不能接受的状态。当原生情绪不能被面对的时候，就会产生派生情绪。

重新面对那些在成长过程中所经历的没有被自己接受、不敢面对的情绪和事件是很痛苦的。在原生情绪流动的时候，只需要静静地让自己把情绪表达出来，就是很好的恢复过程，不需要其他人做什么。

所以，在什么样的事件下，就自然流露出什么样的情绪，允许自己把情绪表达出来，才是真正对自己的负责。

四、建立情绪管理

既然情绪是在我们身体里面，是属于我们自己的，当然应该由我们自己来做主。我们一起来建立情绪的反应模式，建立情绪管理。当同样一件事情再次发生的时候，我们知道内在是不是在发生变化，是否对这件事情的反应模式有了新的改变。所以，最主要的一点就是要先觉知和觉察，当有情绪的时候，要知道自己就在情绪里，情绪就在身体里，我们也在跟它互动。然后就要打破以往的行为模式。

➤ 第一，喝水

注意，喝水的时候一定要慢慢喝、小口喝，最好是温水，才能更好帮助自己处理情绪状态。就像感冒了，需要保暖，需要避风，还要吃一些维生素等，用这样的方式来调整内在状态。

➤ 第二，呼吸放松

呼吸放松是一种极有效的方法。这种简单而又强大的技巧，能够在我们面对压力或强烈情绪时，带来即时的平静和放松。

当我们感到紧张或情绪激动时，往往容易忽略自己的呼吸。而呼吸放松法则是让我们意识到自己的呼吸，将注意力集中在每一次自然的呼吸循环上。深而缓慢地呼吸，是一种自然的"冷静反应"机制，能够平衡状态，减轻紧张感。

实践呼吸放松时，可以找一个安静的地方，舒适地坐下或躺下，闭上眼睛，专注地感受每一次呼吸。通过深入感受呼吸，我们逐渐将注意力转向内部。这样，我们能够更好地认知自己的情绪。

除了即时的效果，呼吸放松法还是一种强大的自我调节工具。通过反复练习，我们能够培养自己在压力和情绪面前保持冷静和从容的能力。它也是一种非常实用的练习，可以在日常生活中随时随地进行。

> 第三，关注自己的内在

感受自己身体的感觉，无论是麻、热、胀、冷、痛，甚至是身体的沉重感，都是一种珍贵的心灵旅程。当我们主动关注身体的感受时，实际上是有意识地打断了思维过程，重新回到当下，专注于身体的反应。这种自我关注和觉察，帮助我们跳出旧有的思维模式，不再像坐滑梯般顺着上一次的情绪惯性滑行。

身体的感觉是我们与当下真实存在的连接通道，它是我们与现实互动的纽带。当我们学会关注身体的感受时，我们能够更加敏锐地感知自己的情绪状态和身心反应。这种自我体察，使我们能够更好地认知和理解自己，以及更有意识地做出情绪和行为上的调适。

在繁忙和压力的生活中，我们常常忽视身体的感觉，不断地被外界刺激和思绪所牵引。通过专注于酸麻、热冷，或者感受身体的重量，我们将注意力带回到此时此刻。

当慢慢平静下来后， 我们的思维能力、 分析判断就会出来。

当情绪产生后， 我们要认真思考情绪背后是什么。

用这样的方法让自己的情绪慢慢地被接纳， 然后了解它真实的含义。

02 情绪溯源

　　情绪是我们内心的反应，是我们对不同情境和经历的态度和观点的呈现。通过对情绪的溯源，找到触发情绪的因素，可以深入了解自己的成长历程和个人发展，并学会调节情绪的方法，从而更好地处理情绪波动和压力。

一、情绪的源头

➢ 什么是情绪

　　情绪通常与个体的情感、情绪体验和生理变化相关联。"情"是指外界事物引起的喜、怒、爱、憎、怨、惧等心理状态。"绪"则犹如无尽丝线的一端，源源不断地延伸着。情绪不是瞬间的闪现，而是一个持续演变的过程。

　　情绪是人类适应环境和应对各种情况的一种机制。它们可以为我们提供重要的信息，帮助我们识别自己和他人的需求，引导我们的行为和决策，并促进社交互动。

> 我们的情绪在哪里

情绪藏在我们的身体里，所有的感知和反应来自我们的身体。比如，每个人对下雨天的情绪是不一样的。有人会觉得很喜悦，因为下雨有一种很清新、很舒服的感觉；有人会觉得很悲凉，因为下雨有一种阴沉、压抑的感觉。

我们形容一个人开心或者是不开心，说的是心理状态。而心理状态会受到外界的影响，每一次互动都会给我们带来不同的感受。有人习惯保持开心的状态，在面对问题时总是能够找到解决方案；而有些人则习惯与无力感、受挫感共处。

> 不同类型的情绪是如何存在并启动的

一类情绪是人类天生具备的本能反应，是为了自我保护而存在的模式。当某种刺激或事件发生时，会自动调动的情绪反应，如愤怒、快乐等。因此，当我们经历原生情绪时，最好的方式是让它们自然流动。

我们在看电影时，容易被电影情节影响，从而产生共鸣式的情绪，或哭或笑。这些情绪并非来自我们亲身经历，却同样会产生相应的情绪状态。如果我们无法准确辨别是自己的情绪还是外界的情绪，就容易被情绪所淹没。

当我们经历一系列连续的情感体验时，可能会出现情绪串联或交织，导致新的情绪产生。例如，从愤怒到悲伤，再从悲伤转变为忧虑。这是多种情绪因素综合作用的结果。这些情绪都是由我们身体的内部反应而造成的。外在发生的事情，会冲击我们的视觉、听觉和感觉，传递后自动匹配情绪模式。

很多朋友觉得派生情绪不好，我却非常喜欢，它可以成为一种有益的情绪。当我需要某种情绪来支持自己时，派生情绪能够让我更好地调整内心状态。比如，今天我心情不佳，我可以派生出一种积极的情绪，主动与他人交谈，为他们提供帮助，从而帮助自己迅速摆脱消极情绪。

我在做咨询的过程中，客户常说我敏感度很高，即使他们没有明确表达，我也能察觉到他们的情绪。这是因为我善于运用系统情绪，能够敏锐地感知他人的情感状态。一个能感知到系统情绪的人，更能有效感知他人，为他们提供服务。

过去，我不愿流露悲伤、愤怒等情绪，总是试图保持平静。然而，这样的状态并没有带给我真正的快乐。后来我渐渐意识到，它们并非不好，而是我对它们有所排斥，包括委屈、纠结、无力、悲伤和愤怒等。当我对这些情绪抱有拒绝态度时，它们并不会从我的身体中消失，反而再次涌现，甚至越来越强烈，直到我真正允许自己去表达这些情绪，它们才会逐渐平息。

因此，允许情绪表达只是第一步，第二步是要认识到每一种情绪都是我们用生命历程交换而来的。人生只有短短几十年，我们能够真正记住的事情并不多。尽管我们读了很多年书，但谁又能清晰地记得初中时学过的所有知识？如果问自己初中的生活是如何度过的，我们一定能够回忆起很多事情，那些带着特殊感觉在心里留存的片段。

学会处理和理解情绪对于我们的个人成长和心理至关重要。我们应该允许情绪自然流动，同时深刻体察情绪背后的根源。通过认识和面对这些情绪，我们能够更好地理解自己，从而实现情绪的自我管理，促进积极心态和内心的平静与和谐。

二、哭和笑

表达情绪的两个最典型的行为：一个是哭，一个是笑。笑，是人类用来表达情绪非常重要的一个行为的模式，几乎是人类特有的一种表达情绪的模式。笑有原生的笑，也有派生的笑。原生的笑，让人感觉喜悦和欢乐。派生的笑，就是内在不开心，只是做了一个开心的样子而已。

当我们不开心时，和几个朋友聊聊天，哈哈大笑时，可以帮助我们平衡内在的情绪。所以，笑是一种很好的简单的调整情绪状态的方法。我们可以通过刻意练习来培养笑的状态：张大嘴巴，抬起头，45度角向上，尽情地笑出声音来。这样的练习就像锻炼身体一样，调整我们的内在状态。

"哭"，也叫流泪，是人在压力过大时的一种原生情绪的表达。当我们感到内心压抑和情绪激烈时，允许自己在安全的空间尽情哭泣，可以帮助我们释放情绪和减轻内心的负担。

所以，当情绪非常低落的时候，不妨哭一下或者笑一下，都是可以帮助缓解压力的。情绪就像是非常厉害的魔法师，今天加一点进去，明天加一点进去，就会不断发生变化，只不过我们自己不知道而已。

三、情绪的发源地

情绪是在成长过程中逐渐形成的，而不是突然出现的。在成长过程中，不同的经历、环境和教育等，影响着我们成年后的情绪反应和应对方式。情绪的发源地主来自家庭和成长经历。

➤ 第一个发源地——家庭

父母的情绪，会直接影响孩子的情绪状态。在家庭中，孩子通过观察和体验环境中的情绪来判断和理解情感，从而形成自己的情绪认知。

机场大厅里，有两个人在争吵，而且越来越激烈。作为第三个观察者，绝大多数人都会选择离开，因为他们感知到这样的争吵可能会波及自己，这是一种自我保护的行为。

同样，对孩子来说，如果父母之间没有爱的流动，频繁争吵，孩子所处的环境就不稳定，孩子就会缺乏安全感。营造一个积极的家庭氛围对孩子的成长和幸福至关重要。如果一个母亲虽然含辛茹苦，但是每天都是非常积极乐观，这个孩子也能学会在辛苦的环境中为自己负责。相反，如果母亲没有责任感，孩子也容易模仿这些行为。

➤ 第二个发源地——成长经历

过去曾经发生的事情，在我们的记忆中留下深刻的烙印，即使无法准确地记住细节，但身体和心灵会保留着这些经历。当类似的事情再次发生时，身体的感受和情绪会再次出现，它是一种基于先前经历的情绪反应模式。比如，我曾经经历过一次紧张的公共演讲，以后再面对类似的场景，可能也会感到心跳加速、手心冒汗，就像是过去的情绪体验再次涌现。

成长经历中，有哪些发生过的事情会深藏在身体和情绪中呢？

➤ 第一种，不能说的秘密

在成长过程中，每个人都会有自己不能说的秘密，有不好的，也有做得不对的。学会勇敢地面对自己的内心，愿意接纳并释放，是一种非常重要的成长过程。

只有当一个人能够勇敢地面对自己的过去，敞开心扉，就不再需要承受秘密的沉重负担，开始面对这些情绪。这个过程并不需要他人的安慰，而是一种内心的解放和愈合。

在成长的过程中，我们都曾有过许多自己觉得不好意思、不能说出口的事情，比如有过暗恋的对象。无法说出口并不代表它们不存在，相反，这些会不断积压，逐渐影响我们的情绪状态和自我感知。

➤ 第二种，被忽视的自己

在生活中，只要面对被忽略的情况，就会产生类似的情绪。表现为询问："你怎么没听我的？"或者质问："你怎么不接我电话，你不爱我了？"

有一位学员在讲述她的故事时提到，因为丈夫和儿子在生日吹蜡烛的时候没有叫她，她立刻感觉自己被忽视了。这种情绪反应很可能是在她成长过程中曾经有过类似的经历。比如，当同学们一起出去玩时，忘记通知她。这种被忽视的感受影响到她的情绪和自我认知。

➤ 第三种，独处时的感觉

在孩子没有长大，还没能真正了解这个世界的时候，需要父母的陪伴。父母的爱和关心是孩子成长中最宝贵的财富。

如果父母忙不过来，退而求其次，是亲人、保姆或者宠物。孩子跟世界互动的模式就像镜子一样，需要透过对方来看见自己才能确认。

➤ 第四种，不被允许的表达：喜爱和厌恶

不被允许的表达，特别是对于孩子来说，的确可能会对他们的情绪产生重要影响。

对于成年人而言，不被允许的表达也可能对其情绪和心理产生负面影响。如果你跟好朋友表达说很喜欢某个人，好朋友说："你不可以喜欢他，你只可以喜欢我。"这个好朋友对你的喜欢是有条件的。

> 第五种，失去的不舍

失去是一种难以避免的状况。对于这些失去，人们往往会产生不舍的情感，特别是失去亲人或离开家庭等，都会对情感和心理产生深远的影响。

四、情绪来自信念系统

情绪源自我们大脑中的信念系统。我们对世界有一种预设的看法和期待，认为事情应该是某种特定的样子。当现实与我们的信念不符时，情绪就会产生。

我们可能认为"你爱我"就"应该"为我们负责，包括我们的情绪。一旦对方的行为没有照顾到我们的感受，我们就会感到不满和愤怒，因为我们的信念认为他们"应该"这样做。

我们可以选择重新审视自己的信念并改变对事物的看法。比如，当别人说了某句话让我们生气时，实际上是我们选择让对方的话影响我们的情绪。如果愿意，我们可以把控情绪的"开关"拿回来，不让别人的话左右我们的情绪，这样，我们的情绪就能很快调整过来。

世界是变化的，永远无法按照个人的意愿去发展。接受这个事实，理解世界本身就是在不断变化中，是一个正常的世界，会使我们更加从容面对生活的挑战，会使我们感到幸运并感恩。

认清情绪与信念之间的关系，我们就能更深刻地理解自己和他人的情绪反应，并学会调整和管理情绪。接纳变化是生活的一部分，也是培养内在平静和幸福的关键。

小结

情绪是一种自然而然的反应。情绪表达提醒我们关心自己和他人的感受，同时也是情绪体验和情感释放的途径。这样的态度让我们更加真实地生活，拥抱生命中的各种情绪，从而获得更加丰富和充实的人生。

从感性的角度来看，每个人的生命历程都是独一无二的，在生活的过程中都会遇到各种各样的事情，都是我们体验生命的过程。只有当我们接受自己并与自己连接，那些曾经被我们忽略或舍弃的情绪，才会被接受、连接和了解。

当我们真正能够与自己的情绪连接，就能借助这些情绪与世界上其他人连接，让我们在生命的旅程中不再孤单，拥有真正的心灵共鸣和情感支持。当你能向另外一个人真实地表达情绪的时候，那个人就是你真正信任的人。

03 解除愤怒

愤怒，是一种情绪，一种生命中不可或缺的力量。它如同一把双刃剑，既能点燃内心的火焰，激发我们的力量与潜能，又能让我们迷失于情绪的漩涡。我们需要认识到，愤怒并非一种应该完全排斥的情绪，它可以是一种重要的力量。

一、愤怒是什么

愤怒这种情绪是与生俱来的。但是，如果我们能够了解这种情绪并认识它与我们之间的关系，每当愤怒来临时，我们就能明白它到底是为了什么，它想要向我们传递什么信息。同时，当他人感到愤怒时，我们也能更好地区分、应对和引导。

愤怒情绪会带给我们很多资源，也能教会我们如何处理人际关系。如果没有它，生活可能会变得相当复杂而辛苦。当然，过多的愤怒可能会导致更大的痛苦，并使人际关系变得更加纠结。

在我处理夫妻咨询时，常常会遇到这样的情况：妻子自称性格很好，不说脏话，也不会攻击别人，甚至不会表达对家人的不满。可是，先生遇到一点不顺心的事情就会生气、愤怒。为什么同一屋檐下的两个人性格会如此迥异呢？我相信，每天生活在愤怒之中的丈夫也不会过得舒心。

类似的情况也出现在亲子关系中。有些父母向我抱怨，他们夫妻俩都是好脾气的人，从未与他人发生过争执，也不会情绪失控或主动找碴儿，一直过着本分、老实、忠厚的生活。然而，孩子却经常在家里与父母对着干，完全不听父母的劝告。

每一个情绪的出现都承载着重要的信息，它们像是内心的信使，告诉我们需要关注什么。当我们能够认识到情绪背后的含义，并做出相应的调整时，这些情绪自然会逐渐淡化甚至消失。相反，如果我们不愿意深入了解自己的情绪，就很容易被它们控制。情绪就好像快递员，只是前来递送一封信件，让我们知道如何做得更好。

所谓觉察，就是当我们感受到愤怒时，要意识到自己正在这种情绪中。有些人已经在愤怒中，却声称自己并没有生气。当被愤怒情绪操控的时候，就像坐上过山车一样，只能在情绪中张大嘴巴，歇斯底里地喊叫，直到情绪的过程彻底结束。

所以，如果我们能够深入了解情绪，尤其是愤怒这种情绪，无论是在人际关系中还是对待自身的状态，都会带来巨大的调整和改变。

如果你经常感到愤怒，不要急于马上去改变，而是要先去了解当前的情绪状态。观察身体的感觉，比如，身体是否发热，手是否紧握，肩膀是否紧绷，呼吸是否急促，心跳是否加速，甚至可能感觉心脏要跳出胸膛。我们在愤怒时说话可能会变得失去策略，声音变得异常大，没有经过思考。同时，还可能发现自己对周围的人怎么看都不顺眼。

我们在生活中看到那些容易愤怒的人，并不是真的想要表达愤怒，而是感受到周围的人、事、物、环境让他们觉得自己处于危险之中，并且自身能力不足以应对时，需要愤怒这种情绪来获得力量应对挑战。

还有一类人，无法与内在的愤怒力量建立连接，甚至失去了自我保护的能力。在某些紧急情况下，比如，突然出现歹徒，他们也不能利用愤怒的力量大声喊叫，甚至奋力抵抗。

在每个人的成长过程中，也许我们从来没有考虑过自我界限的问题，所以常常被他人的过界行为所困扰，感觉很不舒服，却难以表达出来。一个人如果无法愤怒，就像是把生命的力量都锁上了密码，而这个密码锁的形成很可能与个人的成长经历有关。

记得有一次，李老师正在课上讲愤怒情绪，他说："班上有个同学是不能表达愤怒的。"我当时还不以为然，李老师继续说，"徐珂，你站起来，你就是一个不能愤怒的人。"我当时真的傻眼了，脑袋都是蒙的。后来，我自己反思的时候，觉察到自己一直以老好人这种性格自居，所以就算受了再大的委屈，我都会把这个感觉压下去。曾经有很长一段时间，我都觉得非常辛苦，可是我是没有办法表达出来，也没办法让我的生命状态更好一点的。

一个人如果无法与自己内在的愤怒情绪建立连接，甚至无法表达这种情绪，他的生命就会处于一种冻结的状态。小孩子，他们也会表现出愤怒，这种愤怒是向外界传达自己的需求。比如，肚子饿了，他们会哭泣；如果不能满足需求，他们会愈发哭闹，直到满足为止。

对于成年人来说，愤怒是一种用来调整内在力量的情绪，让自己变得更好，并拥有更多选择的方式。这种调动力量是指对自身内在状态的调整，而不是对外界的攻击。当然，在真正危险的情况下，愤怒可能被用于对外抵抗和自我保护。

成年人的愤怒源于多种原因。有时候，可能是因为自己想要的东西没有得到，试图通过表达愤怒来获得，或者是想向周围的人表达拒绝，告诉他们自己不需要或不想要某些东西。

当我们适当表达愤怒时，它可以成为我们克服困难和挑战的动力。通过表达愤怒，我们可以让他人了解我们的感受和需求，从而维护自己的权益和尊严。然而，我们也要明白，将愤怒的力量用错了会带来负面后果。有些人可能将愤怒转化为攻击他人的方式，最终伤害别人，同时也损害了自己。所以，我们需要学会正确地处理愤怒情绪，避免过度爆发和攻击性的表现，从而维护良好的人际关系。

二、面对愤怒的冰火两重天

对于许多人而言，愤怒是一种复杂的情感，是冰火两重天。有的人可能害怕愤怒，把它压抑，不敢表达；而有的人则沉浸其中，被愤怒的浪潮所控制。

➤ 有些人从来不发愤怒

我曾经就是这样的人，总是谦让别人，但最终并没有获得我想要的方向和价值，有时甚至会被过分对待，也只能默默忍受。这并不是因为没有愤怒，而是用理性将愤怒压制了下去。

我曾经认为自己在亲子教育中是挺成功的。然而，当孩子 10 岁时，突然有几天，他变得不接受我说的话，脾气也变得很大。我尝试运用我学到的沟通技巧与他交流，也徒劳无功。

后来，我突然意识到：作为妈妈，我挺愤怒，但为了维持和谐的关系，我从未真实地表达自己的想法和意愿，而是一直以老好人的方式去讨好他人。回到家里，我内心压抑的愤怒，很可能被孩子察觉到了。意识到这一点后，我在心里对他说："谢谢你，我知道你很关心我，我也知道我现在需要一些时间来处理自己的事情，但是你只是我的孩子，而我是妈妈，我有能力面对自己的人生问题。谢谢你，谢谢你为我做的一切。"后几天，我发现孩子的情绪突然变得很平和。与系统情绪连接后，仿佛彼此之间进行了交流，对方的情绪也慢慢得到了缓解。

这让我明白了，在一个家庭或者系统中，有些人看似脾气很好，有些人脾气很差，这些都不是表面所见的那么简单。也许，脾气很好的人一直在压抑自己的情绪，而那些脾气差的人则在寻求方法来与他人进行互动。因为只有当你在自认为安全的环境中，才能真正地表达真实的情绪。

彼此之间是最安全的环境，无须隐藏自己，不用担心被误解或嘲笑，可以完全敞开心扉将自己的情绪与对方交流。这样的信任和接纳，让我们在对方身边感到无比舒适，找到归属感。

➢ 有些人害怕愤怒

害怕愤怒意味着他们不敢表现出愤怒，认为生气是不对的，是不好的。他们可能从未真正体验过愤怒这种情绪所带来的感觉。害怕愤怒很可能源自儿时的经历，当"逃跑"和"愤怒"这两种方式都无法解决问题时，只能用第三种方式——僵住，也就是麻木自己。所以，他们不敢愤怒。

后来，当我感到很难受、无力面对问题的时候，我会找一个没人的地方，独自呐喊和发泄自己的情绪，来疏解内心的郁结和不安。当我把愤怒的力量表达出来以后，发现身心逐渐变得通畅起来，内心积压的情绪也释放了出来。

通过这样的自我表达和情绪释放，我逐渐明白，愤怒并不是一种坏情绪，它可以帮助我调整和处理内心的矛盾与冲突。我也不再害怕愤怒，并学会在适当的时候用积极的方式来表达和化解。

➤ 有些人会害怕其他人的愤怒

当看到他人愤怒时，该怎么办呢？我们可以采取一些明智的方式来缓解紧张局面。

首先，要意识到，对方的愤怒往往是在向你传递不能再继续的信息。也许是我们的行为或言语已经超过了他们的接受范围，或者在某种程度上越过了他们的界限。这时候，最好的做法是保持距离，不要再进一步激怒对方，而是退后一步。这并不表示你要放弃自己的立场，而是在冷静的状态下更好地沟通，理解对方的感受，以及表达自己的观点。

其次，愤怒的情绪往往源于对自身无力的感知，试图通过愤怒来影响他人或事物。如果我们是这个状态，可以选择不同的方式来表达自己。撒娇是一种温柔、娇羞的表达方式，对于在乎我们的人来说，这种方式可能更容易获得共鸣和支持。当然，对于不在意我们的人来说，无论采取什么方式，都会不为所动。

撒娇和愤怒一样，都是一种情绪表达的能力，都需要学习和培养。培养撒娇的能力也需要通过觉知和觉察。当你意识到自己即将要发脾气时，就下意识地打破这种惯有的状态，立刻开始采取撒娇的方式，展示自己的软弱和无助。所以，如果遇到他人愤怒时，我们就要保持一定的距离，不要进一步激怒对方；如果是自己感到愤怒，不妨尝试调用撒娇或示弱的能力。有时候，这样的表达方式比愤怒更加有效，同时，彼此的关系也会变得更好。

当然，有时我们确实需要保持一定程度的愤怒。特别是当对方越过我们的底线，并且对我们的生活造成极大的影响时，就需要运用愤怒来让对方明白自己的界限所在。这并不意味着用愤怒去伤害对方，而是要让对方认识到我们的立场和需求。

三、知己解彼，自我解救

在处理愤怒情绪时，做到"知己解彼"是非常重要。理解自己的情绪和需求，同时也要尝试理解他人的情感和立场，学会寻找更成熟、理智的方式来应对问题，避免让愤怒的情绪主导我们的行为，以便更有效地应对和解决冲突，建立更良好的人际关系。

愤怒中的"怒"其实是道路的"路"，给我们指引前进的方向。当我们意识到自己处于愤怒之中时，需要及时觉察自己真正的需求是什么。愤怒是在提醒想要什么以及不想要什么，帮助我们设立界限，让对方知道我们的底线在哪里，从而保持适当的距离。

所以，愤怒有时也是"路"，是一种资源，是一种提醒我们需要冷静思考的信号。当我们感到愤怒时，应该停下来反思，是否真的有必要急于采取行动。有时候，激动的行动反而会损害自己的利益。所以，我们要养成习惯，就是在某些情况下，愿意主动放下争执，不再坚持己见。

愤怒能给我们力量，让我们在应对那些我们认为无法应对的外在世界，然后通过这份力量调动我们内在的资源来应对挑战。愤怒最大的信息是"我"需要为自己做点事，而不是把这个利器放在对外上。

愤怒时，我们的身体会产生一系列生理反应，如呼吸急促、快速吸气和呼气、身体发抖、发麻甚至发热等。如果呼吸过于急促，会让我们感到很辛苦。所以，当我们感受到愤怒情绪在身体中流动时，可以尝试深呼吸，大口吸气和缓慢呼气。每一次吐气时，允许自己放慢节奏，可以想象身体里的愤怒随着呼气流动出体外。

当你看到其他人愤怒时，这也许是在提醒你：停下来！不要再往前进了。这个时候，愤怒是在提醒我们，已经越过界限。这种情况不仅发生在我们的伴侣身上，也可能发生在我们的孩子身上。

在对方正处于愤怒情绪中时，要区分对方的愤怒是原生情绪还是派生情绪。比如，妻子生气，如果你退后一步，她还是继续追上来，这种愤怒就是派生情绪，希望你能够抱抱她，希望得到你的关爱和安慰，而不是继续争吵。如果是原生情绪，最有效的做法是：停下来，保持冷静，并找到更有效的方式来互动和解决问题。

如果在生活中遇到了非常不公平的对待，比如作为消费者，对方的服务未能满足你的需求，这时候愤怒会让对方意识到他们应该做的事情没有做好。如果购买的商品不满意，但对方不愿意退款，投诉可能是一个有效的方式。这种愤怒的情绪，往往是派生的情绪。

所以，我们平时也要觉察，弄清自己的情绪究竟是源自内在还是被他人影响。有时候与一些脾气不好的人相处，他们的脾气也会影响自己，本来不想发火的，也很容易情绪失控。如果发现自己受到他人情绪的影响而产生愤怒，可以远离愤怒的氛围，保持冷静和理性，避免做出让自己后悔的行为。

小结

愤怒是一种非常有意思的情绪，它对每个人来说都有着最有价值的一面。

我们需要懂得如何保护自己，远离那些无法自控的愤怒。

正确认识、善用和化解愤怒，将使我们的情绪更加平静、内心更加坚定，让我们在人生的航程中行稳致远，充满智慧与力量。

04 化解委屈

大家是否有过委屈的感受呢？坦白说，我有。即使我已经成年，但在面对生活中的挑战和挫折时，或者在付出很多努力却最终未能如愿以偿时，我常常会被一种酸楚感所困扰。

在生命的旅途中，我们难免会经历各种情绪的波动，而委屈，恐怕是其中一种常见且深刻的情绪。然而，也许我们从未意识到，委屈也是一个值得深思的窗口，它直接指向我们内心深处，并勾勒出我们的情感纽带。

一、语言不能表达的"情绪"

委屈是一种复杂而难以准确定义的情绪，很难用简单的词汇来完整描述它。在与委屈进行互动的过程中，我发现它有点像一种动物——麋鹿，又称"四不像"。为什么称麋鹿为"四不像"呢？据说它综合了几种动物的特征：头脸狭长像马、角像鹿又与其他鹿略有不同、蹄子宽大像牛、尾巴细长像驴。委屈也是如此，它是一种融合了多种情绪特征的复杂心境。

比如，当喜欢的玩具被损坏或丢失时，我们的内心会感到不舍。然而，父母出于关爱，会说："没关系，丢了我们再买一个。"或者会因为气愤而责备我们："跟你说过多少遍了，要爱惜！怎样还是弄丢了？"这样一来，我们原本不舍的情绪，成了委屈。

比如，当你付出了很多努力辛苦工作，但上司没有给予一句肯定，你会感到很委屈。这种需求源自小时候，你也曾很努力，希望得到父母的认可和赞扬，却未得到满足，于是，这种情感成委屈的状态。

所以，委屈的情绪包含了其他情绪，形成了一个难以捉摸的"四不像"情绪，即委屈。

二、孩子对父母的情结

委屈情绪是一个派生情绪，也是一份珍贵的礼物。这份礼物在告诉我们：小时候一定有些情绪被自己忽视了。因为每个孩子都竭尽全力去爱自己的父母，并渴望从父母那里得到无条件的爱。每一代人都在自己的条件下努力为家庭和子女创造更好的生活，也是对家族系统最大的贡献。

我小时候常常用各种方式来"讨好"父母。每当我感到委屈时，往往没有意识到自己真实的需求。我们要反观自己在小时候可能忽略了哪些情绪。

所以，每个人都会有委屈情绪。它是在提醒我们内在的一些需求没有被关注到，我们期待他人来满足这些需求。如果我们的内心被自己关注到，并且愿意照顾他，委屈的情绪就会逐渐降低，甚至消除。这也是我在面对委屈情绪时获得的经验和价值。每次认真对待委屈情绪后，我内心的力量就会增强一点，被爱的感受也会增多一点。

成年后，这种情绪使我们倾向于寻求他人的关心和照顾，将照顾自己的责任交给了他人，特别是那些我们认为更有资格、更有力量来照顾我们的人。这种情绪是一种渴望和祈求的姿态，期待他人为我们做我们认为他们应该为我们做的事情，将照顾自己的权利和责任全部交托给了他人。比如，伴侣。当这种期望未能实现时，我们会感到更加委屈和失望。

所以，委屈这个情绪也有两层含义：

第一层含义是：你还处在孩子的状态，需要跟自己连接，照顾好自己。

第二层含义是：周围爱你的人挺多的，可以让你继续感受委屈的人，一定是爱你的人。

委屈是一个派生情绪，所以我们需要看一看内在究竟需要什么，要表达什么？当我们允许自己去表达情绪的时候，委屈这个情绪传递的信息就收到了，就会慢慢淡去。

过去，妈妈常常给我很大的压力。很长一段时间里，我都不允许自己把情绪表达出来，常常装出若无期事的样子，说："没事，我挺好的。"直到有一天，我终于意识到自己的委屈情绪，我对妈妈说："妈妈，我真的压力大。"说完这些话以后，我发现委屈情绪也在慢慢淡化。

三、成年人的世界没有"应该"

有些人非常纠结，因为他们一直认为父母需要做出改变，而自己不需要改变。如果我们不关心照顾内在的不成熟，无论父母给予我们多少，委屈的情绪仍会存在。

在这个世界上，没有所谓的"应该"，最有资格使用这两个字的人就是自己。既然我们已经长大成人，我们有资格、有权利、有责任去照顾自己。当我们愿意照顾自己时，委屈的情绪就会逐渐淡去。

成年人的状态是，我为自己负责，我应该为我自己做点什么。我们需要学会照顾自己的情感需求，满足自己的内心需求，而不是依赖他人。当我们愿意照顾自己，我们会发现，委屈的情绪渐渐减少，取而代之的是更强大、更自主的内在力量。

成长是一个漫长的过程，不像孙悟空一样吹口气就能瞬间长大。长大，是在每一件事情中对自己负责，始终去爱自己，照顾并陪伴内心成长的过程。在这个过程中，我们需要为自己的人生，为自己的情绪状态创造更多快乐的机会，寻找更多的可能性。所以，如果一个人在得到很多好处时却不懂得说谢谢，基本上可以判断他的心智模式还停留在三岁之前。

要长大，有两件事情是非常重要的：

第一，是为自己负责，为自己做点事情，接纳自己。

第二，是感恩他人为自己所做的一切，理解和感谢他人的善意和关爱。

特别是在家里。我们得到了生命，这一切都值得感恩。如果家中有多个孩子，如果年长的孩子帮忙照顾年幼的孩子，作为父母，也应该对他说声谢谢，因为他们也只是孩子。父母对他们表达感谢时，这是对他们的一种尊重。当父母知道如何正确对待周围的人时，孩子也会耳濡目染。

在一个充满感恩和尊重的家庭环境中，孩子们将会更加愿意关心和照顾彼此，形成更加紧密和睦的兄弟姐妹关系，这将是他们一生受益的宝贵品质。对于得到的帮助和关爱，我们怀着感恩的心，常常说谢谢，会让我们更加珍惜周围人的付出。

委屈，不仅让我们能够与内在建立连接，还是一种很好的与父母连接的情绪，是最直接表达我们需要父母关爱的情感。当我们感受到委屈的时候不要回避它，而是在心里告诉自己："是的，爸爸、妈妈，我想你们了。"

每一个情绪都是宝贵的，它们都在告诉我们关于人生经历的一些信息，以及我们与父母之间情感连接的深度。

四、化解委屈的步骤

化解委屈是一个关注内心需求和情感表达的过程。当我们陷入委屈的情绪时，可以采取以下步骤来处理这种情绪：

➢ 第一步，连接自己

连接那个被我们遗忘甚至舍弃的自己。如前文所言，第一时间在心里对父母说："爸爸、妈妈，我需要你们。"无论让我们受委屈的人是谁，只要能让潜意识感受到内心真实的需求，委屈感就会逐渐减少。

➢ 第二步，真实表达自己需求

在内心想象父母出现在面前，然后勇敢地走向他们，扑到他们的怀里大声痛哭。不需要说话，只要在心中抱着父母哭一哭。如果愿意，也可以在心里对父母说："爸爸、妈妈，我很辛苦，我很难过，我很委屈。"过去，我们总想成为父母心目中最优秀的孩子，因此，许多情绪不被表达出来。现在，我们可以允许那些曾经被自己压抑的情感在心里表达出来。如果愿意用这样的方式对待自己儿时的感受，以及拥抱自己的父母，是非常有价值且有效果的。

如果愿意，我们还可以在心里跟父母说你希望他们做而他们没有做的事情，例如："爸爸、妈妈，那一次的事情我已经尽力了，我已经做得够好了，我也很辛苦，你们应该抱抱我，你们应该允许我拿到那样的结果。"用这种方式来表达自己内心对父母的诉求，让自己的内心完成与父母的连接。

委屈是一种能够帮助我们与父母建立深刻连接的非常有效的情绪。只是，我们的内心、感受和情绪需要回到孩童时代，真实地表达那些需要被看见，需要自己接纳的需求。

因为每一次靠近父母的时候，他们的举动都会打开我们大脑里存档的旧文件，重温当时发生的事情和感受，仿佛再次经历了一遍。这个过程，需要我们接纳和允许当时的感受，甚至需要自己内心的陪伴。

首先，要看到自己情绪背后的指向。

其次，收回投射。不管对方是谁，想象对方站在我们面前，同时想象对方身上有什么是本来应该去做的。

具体的做法是：在心里，看着那些让我们感到委屈的人、事、物，然后想象有几丝光芒、颗粒或者灰尘从他们身上飞出来，飘向我们的背后。我们需要将这些需求收回来。

如果我们对伴侣也会产生委屈的感觉，同样需要在心里做类似的练习，即将需求从伴侣的身上收回来。通过这个练习，我们逐渐意识到对父母的需求，并将这些需求放回到与父母的连接之中，从而减少委屈情绪在与他人互动中的影响。

> ➤ 第三步，长高长大

长高长大法是一种非常有效的调整内在状态的方法。当我们在第二步中，看到了唤起我们内心委屈的人、事、物，然后在内心找到他们的中心点。接着，想象内在的自己慢慢地长高、长大，成为一个和自己同倍高、同倍大的版本，甚至可以让自己长三倍高、三倍大，或者十倍高、十倍大。通过这种方式，让自己从一个婴儿的状态逐渐转变成一个成年人的状态。

用这三个步骤就可以很好地调整自己委屈的情绪。如果我们选择原地不动，什么也不做，就辜负了委屈送来的信。如果没有勇气打开这封信，下次再遇到类似的情况，委屈的情绪依然会再次涌现，不断循环。但，只要我们愿意去调整，去接纳自己内在的情绪，委屈的情绪就会逐渐减少。

委屈是每个人在成长过程中形成的一种情绪，几乎所有人都曾经有过这种感受。即使是那些非常优秀的人，如企业家或领导者。他们内心也会担负更多的责任，但是，他们知道如何让自己过得更好，懂得如何与这个世界互动。

当我们开始学会为自己做一些事情时，也会越来越意识到自己所拥有的一切远比所追求的要多得多。这种感受能给我们带来很大的幸福感。同时，我也深知拥有的一切并不是天上掉下来的，而是来自周围所有人的爱。学会向周围的人表达谢意和爱意，委屈的情绪也在逐渐消失。

小结

委屈就像一个刻度尺，它让我们看到自己内在的成长状态。如果我们愿意，可以给自己一些时间，慢慢陪伴它成长。因为在这个世界上，我们才是自己最好的陪伴者，也是自己最好的朋友。

当我们慢慢地调整自己，去感知每一种情绪，耐心地陪伴着自己的每一个情绪时，我们与内在的关系才会得到很好的调整。这个过程是一种深刻的自我发现和自我理解之旅。

当我们敞开心扉接纳内在的情绪，就好像温柔地对待自己的小孩，逐渐懂得如何滋养自己内心的需求。同时，我们也学会更理解父母对我们的影响。

05 告别悲伤

悲伤是人生不可或缺的情感，它在我们的内心涌动。悲伤也是一门必须学习的艰难课程，需要我们勇敢面对；悲伤的情绪仿佛是一把悠久的琴的弦，拨动着我们内心深处最柔软的部分，让我们看见内心深处最深沉的情感。

在这漫长的人生旅途中，我们需要学会如何告别悲伤，让它不再成为我们前行的负担，而是成为一种力量，激励我们变得更坚强、更勇敢。告别悲伤并不意味着我们要忘记过去，而是在心中留下一份感恩与敬意，让爱的记忆永远陪伴着我们。面对离别带来的伤痛，需要我们有足够的勇气和准备。如果你感觉以下这段文字会给你带来压力，那么请不要勉强自己，建议你在此停下来，给自己更多的时间和空间，等准备好了以后再回来看。

一、悲伤让自己看到曾经获得的爱

当我们谈及悲伤时，自然联想到的是人生中两个最重大的课题：生与死。面对新生命的诞生时，我们心怀喜悦；面对亲人的离世时，我们的内心难以平复，甚至无法面对。

当我们不得不直面悲伤时，整个人生似乎都陷入了停滞。很多人因为生活状态而选择跳过悲伤的环节。不能直面悲伤，很大程度上是因为不愿面对失去的事实，特别是亲人的离世。

然而，悲伤也是一种自然而然的情感，它承载着我们对逝去爱的回忆和思念。虽然痛苦，但也证明了我们曾经深爱过，曾经被爱过。

2007年，我的亲生父亲离世了，我甚至没来得及赶回家见他最后一面。回到家时，我不得不面对父亲已经离开的事实，并需要马上处理他的后事。几场哭泣后，我匆匆返回广州，开始了忙碌的工作。我一直以为所有的悲伤已经在那天和那个星期完全表达出来，然而，每当我想起父亲，包括此刻，我的内心依旧涌现出巨大的情绪。那份情绪就是：是的，我失去了我的父亲。

因为害怕面对这份失去，我很长一段时间都不敢回老家，甚至不敢去父亲的墓前祭拜。我一直在心里告诉自己：父亲还在，他还在家中那个熟悉的房间，做着手上的工作和他未竟的事务。我用这样的方式来催眠自己，这样我就可以不用去面对悲伤。因为一旦面对悲伤，就意味着我必须承认自己已经失去了父亲。

在后面很长一段时间里，每次想到"父亲"这两个字，我都会情不自禁地流下眼泪。虽然我试图催眠自己，告诉自己父亲并没有离开，他还在，但事实却是无法改变——我失去了他，他的生命已经不在这个世界。我开始反思自己，探究为何如此抗拒面对他的离开，为何如此抗拒面对自己的悲伤。后来，我终于意识到这份悲伤背后蕴藏着深沉的爱。

在与父亲相处的稀少时光里，我深深感受到他对我的爱，也感受到自己内心深处深爱着他。与其说失去的是父亲的生命，不如说我失去的是我珍视的、渴望的，曾经得到过、曾经体验过的那份父爱。我逐渐领悟到，悲伤所代表的是我对曾经拥有的那些爱的不舍，是对美好回忆的延续和怀念。

如果你像我一样经历过离别亲人的痛苦，也曾无法直面内心的悲伤，甚至对离开的人有过埋怨、委屈或愤怒，不管是哪种情绪，悲伤的情绪在告诉我们：那份深沉的爱依然存在，存在于我们的生命中。我们不能面对，是因为我们还没做好失去他们的准备，还没准备好对这些给予我们爱的人说再见，他们却已经离开。

这份悲伤不仅有对过去的不舍，还有许多想得到却没有得到的期待，以及那些没有被自己看见、不允许被表达出来的爱，背后隐藏了后悔、遗憾、内疚甚至是惭愧。在未来的时光里，不论我们多么努力，我们都无法回到过去，享受与亲人的互动，哪怕是吵吵架，至少还可以用这种方式来传递爱。

我常常会被后悔所困扰。如果可以，我多希望在父亲还健在的时候，多陪陪他；我还在想，如果我多做些什么事，或许父亲就不会离开。我为自己应该做却未做的事情感到自责，甚至为自己曾经做过不该做的事情感到愧疚，比如，与父亲争吵，甚至拒绝他——这些行为的背后，是因为我没有看见父亲对我的爱而试图用对抗的方式与他连接。

终于，我明白了，所有这些都是徒劳的，因为无论我做什么，都无法改变父亲的命运，无法改变那些离开的人的命运。我所能做的，就是去体验我自己的不舍，以及在我们的血缘连接中，父亲对我的深深爱意。我无法改变过去，但我可以用感恩和怀念来温暖内心。

二、悲伤的意义是提醒我们珍惜

悲伤的另一个含义是提醒我们要珍惜，珍惜现在还活着的人。比如父母、伴侣、孩子，请珍惜与他们互动时这份爱的流动。生命无常且脆弱，每一刻都是宝贵的。

情绪的出现是一种自然而然的心灵感受，是我们内心深处对不同情况的回应，也是一种爱的表达。当我们愿意看到悲伤情绪的时候，我们的内心也连接着爱；当我们拒绝看到悲伤情绪的时候，也会给我们的身体带来极大的对抗和压力。

当亲人，特别是父母、伴侣、子女或其他亲人离世时，如果我们不允许自己表达悲伤，不让它在身体中流动，而是强压住这份悲伤，很容易导致身体出现疾病，特别是心脏问题，悲伤会"伤"心。当我们愿意用流泪的方式去表达这份悲伤时，爱的力量就可以开始流动了。眼泪帮助我们的身心重新调整回放松的状态，减轻内心的负担，减少压力和紧张感，让我们更好地面对未来的人生。

2019 年 8 月，我又经历了一次悲伤——继父离世了。12 岁时，我跟随母亲来到继父家。继父对我和姐姐都非常好，给了我们一个父亲所能给予孩子的所有的爱。在与继父相处的过程中，我深刻地体会到父亲这个角色是如何用爱关心孩子的。我对继父的爱的表达是把他当作自己的生父，尊重他、爱戴他。

继父离世后的几个月里，我整个人陷入了深深的悲伤之中，神志不清。我终于明白了为什么古代的人需要披麻戴孝，甚至要守孝三年。我也终于感受到什么叫"昏天黑地"，什么叫"食不甘味"。这是一个在悲伤的状态下身体的自然反应。在那几个月里，我几乎不出门，也不在乎个人形象，几乎完全沉浸在悲伤中。

与第一次的悲伤相比，这次我拥有了更多的觉知和觉察。我允许自己放声痛哭，也允许自己不分日夜。我知道，这是我在面对悲伤时的状态；我明白内心对继父深深不舍；我也清楚，在过去的时光里，我收获了他对我满满的爱。所以，每一份悲伤、每一份无法面对、每一份不舍，每一次不能说的再见，都是因为每个人心里都清楚曾经拥有过这份爱。

悲伤并不仅在亲人离世时才出现，还有可能在其他情况下出现，比如失恋。当我们能真正面对悲伤时，才可以回顾曾经收获到的爱的感受，以一颗感恩的心，带着感谢尊重过去的时光，然后勇敢地转身面向未来。

婚姻的结束也需要我们正面面对。很多人在婚姻结束时，并不是悲伤的情绪，而是愤怒、纠结、后悔、遗憾，甚至惭愧。如果用这样的方式去面对，我们无法看到曾经的付出，也没能看到对方曾经对我们的付出，甚至没有去清点我们曾经拥有过的爱的感受。这些情绪可能让我们在心中牢牢抓住过去的伤痛，不肯放手。但是，我们也要意识到，过度沉浸在负面情绪中可能会阻碍我们继续前进。

除了失去重要的人会感到悲伤，失去重要的动物、植物，甚至某些物件，也会感到悲伤。比如，当一个小孩丢失了玩具，也会伤心地哭泣。家长们可能觉得不值得哭，可以再买一个新的。然而，小孩舍不得的不是玩具本身，而是玩具陪伴他时，曾经所获得的幸福和愉悦感。如果家长不能正确引导孩子，不允许他表达悲伤，而是用其他事物来分散他的注意力，未来孩子面对其他情绪，尤其是悲伤时，可能会产生回避的态度。

很多人也无法理解为什么丢失了宠物以后，主人为什么会如此伤心。因为在过去的日子，他们与这些小动物有着深厚的情感连接，这些情感连接让他们感受到被爱的温暖。他们舍不得失去的不仅是宠物的生命，更是那段与它们共度的美好时光。

经历悲伤时，我们每个人都要学习的一堂课程，叫"告别"。

如果你曾经经历过失去，经历过没有面对的离别，不妨拿出纸和笔，回忆你们共度的点点滴滴，特别是那些让你感到开心、满足和喜悦的时刻。每清点到一次美好时光，就对自己和对方说一声："谢谢，我收到这份爱了。"

向自己告别那些曾经收到过的爱，同时也向对方的爱告别。所有的时光都已经过去了，包括他们离开了。这样的告别并不是忘记，而是一种成熟的面对方式。通过感激和告别，我们能够更好地释怀过去的悲伤，用一颗感恩的心继续向前。

三、面对悲伤的方式

当面对悲伤时，每个人会有不同的方式来应对。替代是一种自我保护机制，也是一种应对策略。在面对失去亲人或物品时，我们往往会尝试找到替代品或替代者，来填补失去带来的空虚和痛苦。这种方式可能是一种自然而然的反应，因为我们渴望在生活中保持稳定和安全感。

物品替代：在失去重要物品时，例如手机、玩具或其他物品，我们会试图寻找相同或类似的物品来替代。

人际替代：在失去亲人时，我们会试图找到另一个人来填补这个空缺。这种行为可能是为了满足我们对爱与陪伴的渴望，但这并不意味着可以完全替代原来的亲人或关系。比如我，我生父离世以后，很长一段时间里，我把继父当作生父一样去尊敬和爱戴，我以为这样就可以不用面对父亲离世的悲伤。然而并没有，即使到现在，我想到亲生父亲的时候，还是忍不住要落泪。

"假活"：当我们不能面对悲伤时，大脑会创造各种各样的方式来催眠自己。虽然亲人已经离世，但是我们让自己心里依然相信他还活着。

悲伤的情绪确实是人生中最难面对的情绪，因为它与生死相关。在我们的潜意识里，甚至会不自觉地试图复制离世的人的生命状态和历程，尤其在家庭关系中，我们很可能把自己的人生活成和离世的人一样。

更严重的是，当我们无法表达悲伤，不能承认生命已经离去时，我们内在的生命状态和心理状态可能会受到影响，产生一种不健康的动力。这种动力让我们生出一种不公平的感觉，质问："为什么是我们？为什么是他离去？为什么生命如此脆弱？"

这种内在的悲伤无法表达，特别是在家庭中，如果直系亲人离世，不仅对自己产生负面影响，还会极大地影响各种关系，包括伴侣关系、父母关系、子女关系以及职场上的人际关系，甚至财富关系。

如果有一天我们离开了这个世界，我们也期待活着的人能够过得更好，特别是我们深爱的人。所以，如果我们真的舍不得他离开，就用他留给我们的爱去更好地爱自己，珍惜自己的生命，让自己的生命活出两倍甚至三倍好。

悲伤是一份爱的指引，它提醒我们要去爱身边还在的人，包括父母、伴侣和孩子，要珍惜和他们之间的互动以及彼此之间的爱的连接。

在继父离世后，我深刻地领悟到一句话：父母，是挡在死神面前的一堵墙。继父离世以后，我从来没有如此急切地想把妈妈照顾得更好，因为继父已经不能再帮我照顾妈妈了。妈妈剩下的生命里，需要作为女儿的我来陪伴和关怀。继父离世之后，我跟妈妈的感情更好了，因为我更懂得珍惜同妈妈互动的机会。

现在，我偶尔还会感受到悲伤。每次悲伤袭来时，我就在内心默默地诉说："是的，爸爸，我又在想你了。是的，我舍不得你。是的，你永远是我最好的父亲。是的，爸爸，我知道你爱我，我也感受到了你对我的爱。"在泪水中，我用心去连接父亲，感受这份爱的流动。

悲伤教会了我们三个重要的观点：第一，要去看见爱的存在，无论是在生命中的哪个角落；第二，要勇敢地承认爱的存在，不要逃避悲伤的感觉，因为它正是那份深深的爱在作用；第三，要铭记那些曾经存在过的人，因为他们的存在，我们的生命才能够存在。因为他们对我们有爱的流动，我们才有那么多不舍，才能让自己过得更好。如果我们舍不得他们的离开，就把这份不舍用来服务更多人的生命，去连接更多人。

如果你想打开那些曾经不舍和不能面对的悲伤时，可以选择一个安全又安静的环境，在放松的状态下，让自己能自由地哭泣，说出那些一直在心里却不能说的话。不需要其他人在场，也不需要其他人的反馈。但是，请一定要照顾好自己。

悲伤是每个人生命中不可或缺的情绪，它不断地提醒我们要珍惜爱，珍惜身边的人，并将这份爱传递下去，服务自己的生命，也服务更多人的生命，让生命变得更加精彩。

悲伤的情绪可能不是一次完全释放的，在表达悲伤时，每一次都慢一点，再慢一点，让自己有足够的时间把每一份悲伤都释放出来。直到，我们回想起已经离开的人，内心充满的是暖意和满满的爱。悲伤也会完成它的使命。

衷心祝愿每一位朋友都能实现身心合一，让自己的生命充实地体验每一天，让自己的生命服务于自己，并将这份服务延伸到更多人身上，让我们每个人都以更加精彩的姿态活在这个世界上。

如果你和我一样，有父母或祖辈离世，可以在清明节时借助《清明祭祖祈祷文》，允许自己的心灵跨越时空，超越空间的限制，与家族生命系统中的每一个亲人联系起来，在内心深处铭记他们，深深地爱着他们。

致谢

作为课程的设计者和推动者，我深切体会到培训师的责任和使命，并见证了每一位授权老师在学习过程中展现出的坚定信念和决心。

我衷心感谢所有参加学习的老师们。你们热情参与、积极投入和持续精进的精神，让我感到无比欣慰和自豪。你们以自己丰富的经验和知识为基石，通过深入浅出的教学方式，将复杂的版权知识传递给每一位学员，不仅展现了专业和专注的精神，更是在用自己的力量帮助他人成长。

再次感谢所有老师们的付出和对专业的坚持。（排名不分先后）

周美芳	陈 静	陈金枝	杨 倩	郑 娜	杨 蕊	宋田田
杨 玲	李 杰	梁冰渝	陈晓娟	莫立霞	高瑞浓	陈 明
田双翠	方武彬	何晓青	汤小静	金姿言	田 慧	伦侃婷
史雅楠	侯海香	李小红	李 芳	王晓杰	王佳伟	郑 琪
黄 萍	张彩英	林婷婷	衡 丹	汤丽红	张 蓓	王 佳
高 宁	徐学慧	罗秀敏	蒋青雯	郝江华	夏诗涵	蓝珍芹
牟玛丽	王跃珍	邱孝莲	万爱华	赵秀莲	华芙蓉	查晓芳
江丹华	刘 会	刘晓艺	曾小艳	段 鹏	董 菲	乐 娟

梁继宏　李　凡　李　玉　汪　霞　钟秋梅　张　芳　朱　红
朱　缨　王深贝　张琳琳　李　颖　杨淑君　杜小骋　王　华
莫晃有　萧悦衡　陈冰心　王雪银　张立平　于凌云　石春艳
卓珍珍　秦　悦　李志红　侯书英　孙蔓芹　姚玉茹　李四飞
张　梅　肖　丹　佟　玲　俞立军　黄永娴　吴艳苹　陈芊羽
佩　雯　李代静　李光云　刘　宁　何翠红　宁　娟　吕　丽
高金梅　代红江　王　燕　徐心悦　杨　洋　田　娟　胡晓凤
管春蕾　周湘雯　高露娜　邵　慧　宇文凤　余　培　牛燕利
宁豆豆　金　洁　纪色斐　耿培英　张　宁